小學生的
STEM科學研究室
數學篇
Math for Curious Kids

琳·哈金斯-庫柏 Lynn Huggins-Cooper 著　　艾力克斯·佛斯特 Alex Foster 繪

蕭秀姍 譯

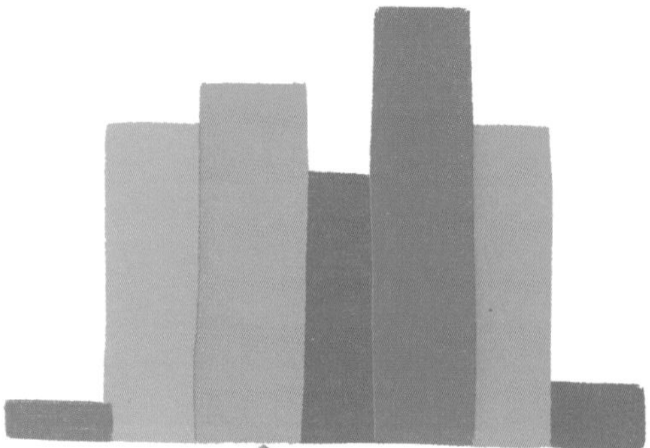
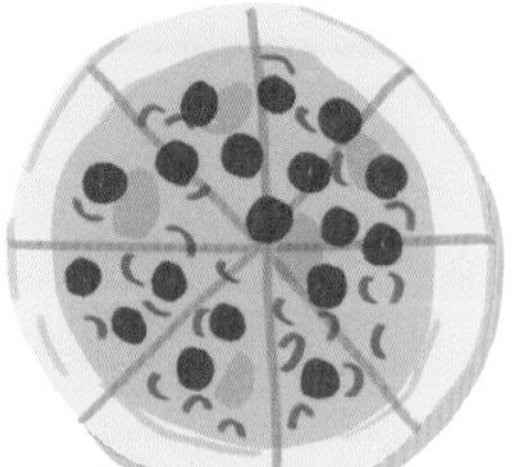

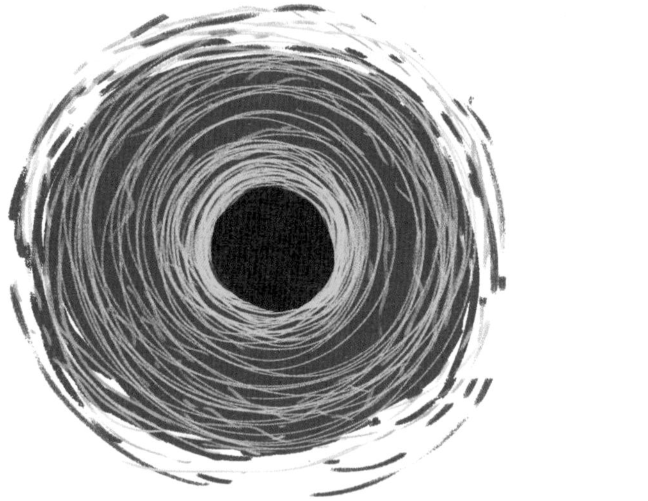

商周教育館 50

小學生的 STEM 科學研究室：數學篇

作者—— 琳・哈金斯—庫柏（Lynn Huggins-Cooper）
譯者—— 蕭秀姍
企劃選書—— 羅珮芳
責任編輯—— 羅珮芳
版權—— 吳亭儀、江欣瑜
行銷業務—— 周佑潔、黃崇華、賴玉嵐
總編輯—— 黃靖卉
總經理—— 彭之琬
事業群總經理—— 黃淑貞

發行人—— 何飛鵬
法律顧問—— 元禾法律事務所王子文律師
出版—— 商周出版
台北市 104 民生東路二段 141 號 9 樓
電話：(02) 25007008・傳真：(02)25007759
發行—— 英屬蓋曼群島商家庭傳媒股份有限公司城邦分公司
台北市中山區民生東路二段 141 號 2 樓
書虫客服服務專線：02-25007718；25007719
服務時間：週一至週五上午 09:30-12:00；下午 13:30-17:00
24 小時傳真專線：02-25001990；25001991
劃撥帳號：19863813；戶名：書虫股份有限公司
讀者服務信箱：service@readingclub.com.tw
城邦讀書花園：www.cite.com.tw
香港發行所—— 城邦（香港）出版集團
香港灣仔駱克道 193 號東超商業中心 1F
電話：(852) 25086231・傳真：(852) 25789337
E-mail: hkcite@biznetvigator.com

馬新發行所—— 城邦（馬新）出版集團【Cite (M) Sdn Bhd】
41, Jalan Radin Anum, Bandar Baru Sri Petaling,
57000 Kuala Lumpur, Malaysia.
電話：(603) 90563833・傳真：(603) 90576622
Email: service@cite.com.my

封面設計—— 林曉涵
內頁排版—— 陳健美
印刷—— 韋懋實業有限公司
經銷—— 聯合發行股份有限公司
電話：(02)2917-8022・傳真：(02)2911-0053
地址：新北市 231 新店區寶橋路 235 巷 6 弄 6 號 2 樓

初版—— 2022 年 2 月 10 日初版
初版—— 2023 年 1 月 3 日初版 3.3 刷
定價—— 480 元
ISBN—— 978-626-318-121-2

國家圖書館出版品預行編目 (CIP) 資料

小學生的 STEM 科學研究室：數學篇／琳・哈金斯—庫柏（Lynn Huggins-Cooper）著；蕭秀姍譯 . -- 初版 . -- 臺北市 : 商周出版：家庭傳媒城邦分公司發行，2022.02
面；　公分 . --（商周教育館；50）
譯自：Math for Curious Kids
ISBN 978-626-318-121-2（平裝）

1. 數學 2. 通俗作品

310　　110021641

線上版回函卡

目錄

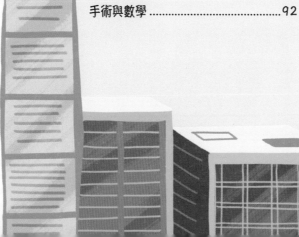

絕妙的數學

你在認時間、做菜、找零錢、量東西、看時間表……時，都有使用到數學喔！數學可以用來建主題公園，醫療、運動、商業與太空旅行等也都會使用到數學。
數學可說無所不在！

我們用數學來計算金額，像是買的東西要花多少錢，或是之後會找回多少零錢。我們想買東西時，也可以用數學算算要存多少錢才夠。

我們量測東西時也會用到數學，例如食譜中的食材份量。

數學是什麼？

數學是一門處理形狀、數量、模式與排列的科學。數學幫助我們了解周遭的世界，幫我們解決問題。

$$64 + 49$$

數學有許多不同的分支，包括：

算術

算術與數字有關。它幫助我們做加減乘除的計算。

代數

代數讓我們可以運用未知數（通常以英文字母代表）及數字來建立方程式，讓我們可以解出問題。

幾何

幾何研究形狀以及這些形狀的特性，像是面、頂點以及邊。

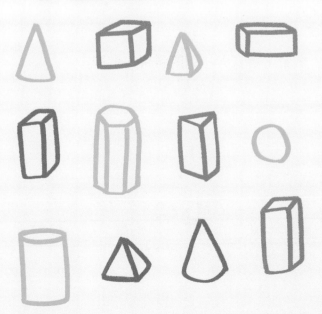

三角學

三角學研究三角形角與邊之間的關係。

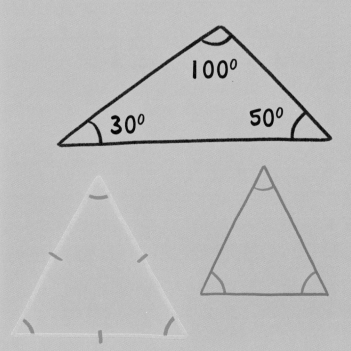

數字 1 2 3

人們在還沒有「數字」的概念之前，可能就已經會數數了。

帳目棍

考古學家發現骨頭及石頭上有刻痕，這項證據顯示人類甚至早在史前時代就會數數了。這些物品被稱為帳目棍。

上面這根帳目棍叫作列彭多骨，是在南非與埃斯瓦蒂尼兩國邊境旁的洞穴中找到的。大約是距今44,200至43,000年前的文物。它的其中一邊有29條刻痕，有人認為這是記錄月亮盈虧周期的刻痕。

羅馬數字

羅馬數字是羅馬帝國使用的數字符號。他們用那些符號來代表數值。

1	2	3	4	5	6	7	8	9
I	II	III	IV	V	VI	VII	VIII	IX

10	20	30	40	50	60	70	80	90
X	XX	XXX	XL	L	LX	LXX	LXXX	XC

100	200	300	400	500	600	700	800	900
C	CC	CCC	CD	D	DC	DCC	DCCC	CM

當一個數值小的符號出現在一個數值較大的符號後面，就表示加上那個數值低的符號就是它們代表的數值。例如：代表23的XXIII就是20 + 3。

當一個數值小的符號出現在一個數值較大的符號前面，就表示減去那個數值低的符號就是它們代表的數值。例如：代表14的XIV就是10 + (5 - 1)。

傳遍全世界

羅馬數字在羅馬時代是世界上許多地方在使用的數字，因為羅馬帝國征服了歐洲許多區域。羅馬帝國的軍隊無論走到什麼地方，都會帶著他們的數字系統。

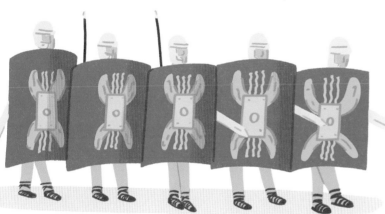

I	II	III	IV	V	VI	VII
VIII	IX	X	XI	XII		
XIII	XIV	XV	XVI			
XVII	XVIII	XIX	XX			
XXI	XXII	XXIII				
XXIV	XXV	XXVI				
XXVII	XXVIII	XXIX				
XXX	XL	L	LX	LXX		
LXXX	XC	C	CC			
CCC	CD	D	DC			
DCC	DCCC	CM	M			
MM	MMM	MV	VX			

今日的羅馬數字

我們今日仍然會在一些時鐘上面看見羅馬數字，比如倫敦西敏寺鐘塔上的大笨鐘。

印度—阿拉伯數字

印度—阿拉伯數字是今日全世界許多地方都在使用的數字。它們大約起源於6至7世紀的印度，在中東學者（例如數學家花拉子密）的努力之下，傳播到西方去。

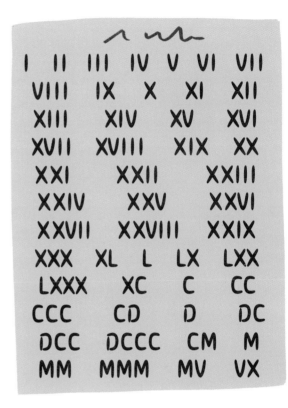

零代表「沒有數量」。

用一個數字減0時,什麼事都不會發生,那個數字不會減少。

$$7 - 0 = 7$$

同樣地,把0跟一個數字相加時,什麼事也不會發生,那個數字不會增加。

$$7 + 0 = 7$$

0 也可以當作佔位符號,用在像十進位這樣的數值系統中。

1
10
100
1,000

在一個數字之後放一個0,就代表變成10倍。

在1後面放一個0當作佔位符號,就變成了10。

在10後面放一個0當作佔位符號,就變成了100。

在100後面放一個0當作佔位符號,就變成了1,000。

0 古代世界中的零

古埃及人、古羅馬人與古希臘人沒有代表0的符號。古代美洲人就有代表0的符號。西元前400年,奧爾梅克人在今日的墨西哥一帶蓬勃發展。他們有個代表0的符號,可以用來當作佔位符號。

馬雅與印加文化中的零

在奧爾梅克人之後，馬雅文化也有代表0的符號。這個符號看起來很像烏龜的殼。

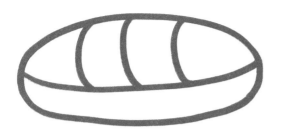

之後住在今日秘魯地區的印加人有他們用來表示0的方法。他們使用一種稱為奇普（quipu）的結繩文字來表示不同數值，在特定位置沒有繩結的話就代表0。

 # 中世紀

西元825年，波斯數學家花拉子密出版了一本書，將古希臘及印度的數學結合在一起。這本書也解釋了0的應用方式。花拉子密還說，在二位數的計算當中，若是有地方沒有數字，就應該補個圈圈「保留那個位置」，也就是用0當作佔位符號。那個圈圈被稱為「西法」（sifr）。

 # 在歐洲的零

西元1202年，0（以及印度—阿拉伯系統其餘部分）的概念主要經由義大利數學家費波那契的著作傳入歐洲。費波那契曾經向摩爾人，也就是西班牙的伊斯蘭教徒學習。這就是為什麼我們今日仍在使用這個系統中的數字，也就是「阿拉伯數字」。費波那契幫忙將0的概念帶入歐洲的數學研究之中。

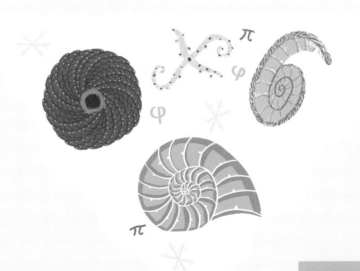

單位

1是數學裡的基本計算單位，
也就是正數序列中的第一個整數。

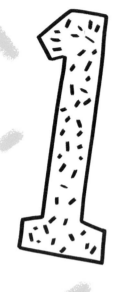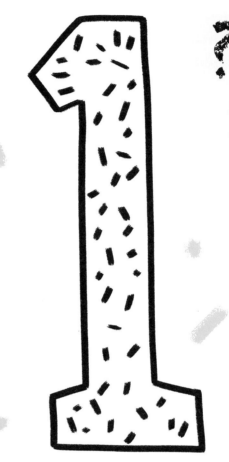

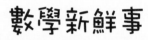

數學新鮮事

英文中用來表示數字1的字眼
有好幾個，有unity、unit以及
identity等等。

簡單！

任何數字乘以1，
都不會改變。

3 x 1 = 3

25 x 1 = 25

168 x 1 = 168

1,265 x 1 = 1,265

沒有改變！

你可以將1相乘任何次數，答案都會是1。

$1 \times 1 = 1$

1的平方或立方仍然還是1。

$1^2 = 1$

$1^3 = 1$

所以1個單位的平方還是1個單位。
1個單位的立方還是1個單位。

① 正奇數……

1是第一個正奇數。
1是第一個也是最小的正整數（整數可以是正的、負的或是0）。1是計算的單位。

數字1還有一種神奇的魔法，把1與任何數字相加，就可以將奇數變成偶數，將偶數變成奇數！

① 1從哪裡來？

全世界現在所使用的數字1的起源可以追溯到古印度。在印度婆羅米文字中，1就是一條線：

① 1的起源

在印度－阿拉伯的數字1傳入歐洲的很久以前，歐洲就已經用畫一條線的方式來表示1了。

你還記得第6頁的帳目棍嗎？棍子上的每一條線都代表著被記錄的一件事或一個東西。這些線還不算是數字，但每條線都代表著被計算的一件「事物」，例如記下過了一天。

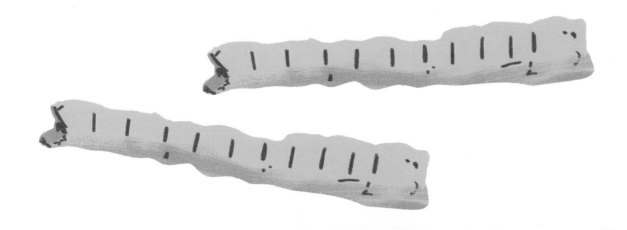

偶數

可以被2整除、不會留下餘數的數字稱為偶數。

數線

如果你在數線上從0開始，每間隔一個數字來數數，你就會得到一列偶數。如果你把這列偶數寫下來，就會看到偶數的模式。

0　1　2　3　4　5　6　7　8　9　10　11　12　13　14　15　16　17　18　19　20

你看上面的數線時可以看出這個模式嗎？偶數的模式就是無論數字多大，它們的個位數都會是0、2、4、6、8。

所以這些數字
都是偶數：

2

16

96

112

678

1,132

11,678

你不用經過計算，就可以直接看出這個模式。如果有個數字的個位數是0、2、4、6、8，它就是偶數。你可以將任何數字除以2來看看它是不是偶數。如果可以整除不留下餘數，就是偶數。

0

2

4

6

8

分享偶數

偶數的東西很容易就可以讓兩個人分享。如果你有偶數個葡萄或餅乾，你不用把它們切成兩半就可以直接分享給一個朋友。記住，偶數都是可以被2整除的數字。

 請你想一想

你想想看旁邊的數字有哪些是偶數呢？

$$345 \quad 766 \quad 821$$
$$654 \quad 5,432 \quad 328$$

 數學新鮮事

當我們對偶數進行加法、減法或乘法時，可以預期答案都會是偶數：

偶數 + 偶數 = 偶數
偶數 × 偶數 = 偶數
偶數 - 偶數 = 偶數

像-2及-4這類負數（請看第24頁）也是偶數哦！

奇數

奇數就是不能被2整除的數字。
奇數除以2時，都會留下餘數1。

1 3 5 7 9

數線

如果你在數線上從1開始，每間隔一個數字來數數，你就會得到一列奇數。如果你將這列奇數寫下來，就會看到奇數的模式。

| | | | | | | | | | | | | | | | | | | | | |
|0|1|2|3|4|5|6|7|8|9|10|11|12|13|14|15|16|17|18|19|20|

你看上面的數線時可以看出這個模式嗎？奇數的模式就是無論數字多大，它們的個位數都會是1、3、5、7、9。

所以這些數字都是奇數：

5

47

169

2,135

6,121

10,893

不用經過計算，你直接就可以看出這個模式。如果有個數字的個位數是1、3、5、7、9，它就是奇數。你可以將數字除以2來看看它是不是奇數。如果會留下餘數1，就是奇數。

數學新鮮事

將2個奇數相加，得出來的都是偶數。試試看再加一個奇數進來，結果會是什麼！

14

奇數相乘

2個以上的奇數相乘所得出的積都是奇數。試試看吧！

$$3 (奇數) \times 5 (奇數) = 15 (奇數)$$

$$9 (奇數) \times 7 (奇數) = 63 (奇數)$$

質數

質數是比1大的數字,而且只能被自己還有1整除。
它們無法被其他數字整除,都會留下餘數。
像19就是個質數。19只能被1及19整除。
如果你將質數除以其他數字,都會留下餘數。

11是質數,因為除了11及1之外,它無法被其他任何數字整除。

12不是質數,因為12可以被12、1、2、3、4及6整除。

1	2	3	4	5	6	7	8	9	10
11	12	13	14	15	16	17	18	19	20
21	22	23	24	25	26	27	28	29	30

前10個質數

比30小的質數共有10個。包括:

2, 3, 5, 7, 11, 13, 17, 19, 23, 29

數學好有趣!
比2大的所有偶數都不是質數,因為它們都可以被2整除。

這些數字都只能被它們自己以及1整除。2是偶數中唯一的質數。

在真實世界中的質數

質數會應用在網路安全上，讓我們在網路上分享資訊時能更安全。軟體工程師會使用質數來**加密**（讓讀取與破譯更困難）需要保密的東西，像是信用卡資料、通訊應用程式以及醫療紀錄。進行網路購物時幾乎都會使用質數來確保交易安全。

軟體工程師會用很大的質數來相乘，產生出具有原始因數（2個原始質數）的巨大數字來為資訊加密。這樣資訊會很安全，因為你得花掉好幾年的時間才能破解出原始因數。

到100的質數

這些是100以下的質數。
你可以說說看為什麼它們是質數嗎？

數學新鮮事

世界上目前所知道的最大質數大約有2,500萬位數那麼長。

2	3	5	7	11	13
17	19	23	29	31	37
41	43	47	53	59	61
67	71	73	83	89	97

因數

因數是可以讓某個數字整除不會留下餘數的數字。
對於任何數字來說，
1以及數字本身都是都是這個數字的因數。

10的正因數有：

1, 2, 5, 及 10

100的因數有：

1, 2, 4, 5, 10, 20, 25,
50, 及 100

 ## 找出因數

要找出一個數字的因數，要先看看它是不是一個偶數。如果它是偶數，2
就會是它的一個因數。然後再看看這個數字的個位數是不是0。如果是的
話，10也是它的因數。因數一定是整數，不會是分數。

因數配對

當某個數字的2個因數相乘就等於這個數字時，這兩個因數就是一組因數配對。100的因數配對計有：

正因數：

$$1 \times 100 = 100$$

$$2 \times 50 = 100$$

$$4 \times 25 = 100$$

$$5 \times 20 = 100$$

$$10 \times 10 = 100$$

$$20 \times 5 = 100$$

$$25 \times 4 = 100$$

$$50 \times 2 = 100$$

$$100 \times 1 = 100$$

因數分解

因數分解是將一個數字分解出它的所有因數（可以讓這個數字整除的數字）的過程。選個數字來試著做因數分解吧。

學學你的九九乘法表

你的乘法表很有用，可以幫助你找出數字的因數。

像是你知道3 x 7 = 21，那麼你就會知道3跟7都是21的因數。

分數及小數

分數就是一個完整東西的一部分。想想你將披薩切成好幾片時的情況。
若你可以將每一塊都切得一樣大，這些披薩片就可以用來教你分數。

  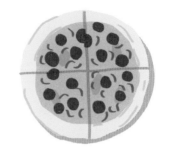 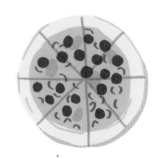

 ## 分子與分母

分數有分子與分母。分子是位在分數線上方的數字，分母則是位在分數線下方的
數字。分子讓你知道我們有「整個」東西的幾份。分母則讓你知道「整個」東西
被分成幾份。

$$\frac{分子}{分母}$$

1/4表示分成4份的一整個東西中有1份。

7/8表示分成8份的一整個東西中有7份。

 ## 真分數

「真分數」就是分數中的分子比分母小。真分數都小於1。

$\frac{1}{2}$ = 分成 **2** 份的一整個東西中的 **1** 份

$\frac{9}{10}$ = 分成 **10** 份的一整個東西中的 **9** 份

$\frac{3}{4}$ = 分成 **4** 份的一整個東西中的 **3** 份

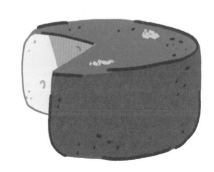

假分數

假分數就是分數中的分子比分母大。假分數都大於1。假分數都是「頭重腳輕」。

$$\frac{3}{2} = 分成 \ 2 \ 份的一整個東西共 \ 3 \ 份 = 3 \ 個 \ \frac{1}{2} = 1\frac{1}{2}$$

$$\frac{5}{4} = 分成 \ 4 \ 份的一整個東西共 \ 5 \ 份 = 5 \ 個 \ \frac{1}{4} = 1\frac{1}{4}$$

$$\frac{8}{3} = 分成 \ 3 \ 份的一整個東西共 \ 8 \ 份 = 8 \ 個 \ \frac{1}{3} = 2\frac{2}{3}$$

帶分數

帶分數具有整數與真分數兩個部分。
以下是幾個帶分數：

$$1\frac{1}{2}$$
$$8\frac{3}{4}$$
$$4\frac{5}{6}$$

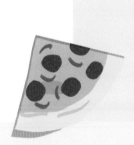

什麼是小數？

數字中出現小數點時，在小數點右邊的數字就是一種分數。

$$1.1 \quad 就是 \quad 1\frac{1}{10}$$

$$1.01 \quad 就是 \quad 1 \ 加上 \ \frac{1}{100}$$

$$1.001 \quad 就是 \quad 1\frac{1}{1000}$$

分數與小數要如何轉換？

分數及小數可以表示同樣的資訊：

$$0.25 \quad 等於 \quad \frac{1}{4} \qquad 0.5 \quad 等於 \quad \frac{1}{2}$$

$$0.3 \quad 等於 \quad \frac{3}{10} \qquad 0.75 \quad 等於 \quad \frac{3}{4}$$

要把分數轉換成小數時，可以將分子與分母之間的那條線當作除號÷。我們用分子除以分母來將分數轉換成小數。

$$\frac{1}{2} \quad 等於 \quad 1 \div 2 = 0.5$$

無限

無限代表「沒有盡頭」。當某個東西會一直擴展時，
我們就會說它是無限的，例如太空或是數字。

無限代表某個東西無窮無盡的數值。無限不是真的數字，它只是個概念。它是某個沒有盡頭的東西，它無法被測量。

無限及古代世界

古希臘人稱無限為「阿派朗」（apeiron），這個詞是無邊無際的意思。數學上關於無限的最早討論之一，是在探討正方形的邊長與對角線之間的**比例**。亞里斯多德（西元前384年至前322年）不認為「真的有」無限存在，但他也知道在計算時可能會有無限存在，而且永遠都算不完。

∞ 無邊無際的太空

並非只有數字是無限的！太空如果可以一直延伸，就可能是無限的。我們不清楚太空是否有盡頭，所以常會說它是「無限」的。

∞ 無限的符號

我們有一個代表無限的符號。它看起來很像躺平的8，這個符號是由1665年數學家約翰·沃利斯所創造。

∞ 無窮無盡的數字

數字永遠數不完——數字沒有盡頭，你可以一個接著一個不斷數下去。數學家稱無窮無盡的數字為「無限」。

```
              10
         20  30  40
           50  60  70  80
     90  100  110  120  130
140  150  160  170  180  190
200  210  220  230  240  250
260  270  280  290  300  310
320  330  340  350  360  370
```

∞ 一直數下去

即便是電腦也數不出無限。如果我們在恐龍時代就設定一台電腦每秒鐘數一個數字，那麼它現在也還會在數，而且會一直數下去！

負數

負數是小於0的實數。當你從0往下數,就會數到負數。
比0大的數字稱為正數。而0既不是負數,也不是正數。

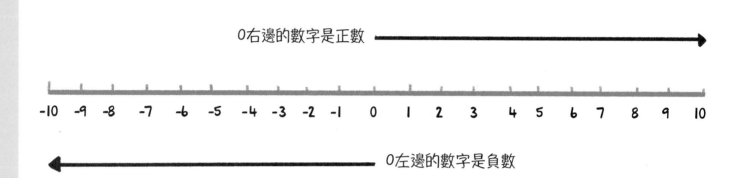

0右邊的數字是正數 ➔

-10 -9 -8 -7 -6 -5 -4 -3 -2 -1 0 1 2 3 4 5 6 7 8 9 10

⬅ 0左邊的數字是負數

● 負數的歷史

負數的應用可以追溯到中國漢朝(西元
前202年至西元220年)。在7世紀時,
印度學者婆羅摩笈多寫了關於負數應用
的書籍。

伊斯蘭數學家繼續研究負數,並建立出
負數的使用規則。像在早期的會計中就
有用到負數,負債的部分會被記錄為負
的金額。

科學中的負數

科學上的很多地方都會用到負數。

比0低的
溫度

負數可以用於測量低於0的範圍。溫度就是其中一個例子，攝氏（°C）將水的冰點設為0度，但溫度可以比冰點更低許多。比如南極洲的溫度可以低到攝氏-100℃！

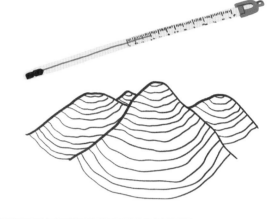

在地理學中，負數用來表示地球表面上低於海平面的測量值。

日常生活中的負數

只要你仔細觀察，就能發現生活中到處都能看到負數！

電梯中低於1樓的樓層（地下室）按鈕會用負數來表示。

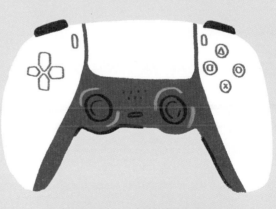

在電玩中，負數常用來代表損傷、失去「幾條命」或是資源損耗。

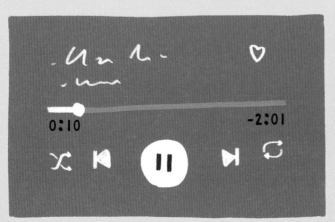

0:10   -2:01

我們在看影片時，有時候會用負數來顯示影片還剩下多少時間。

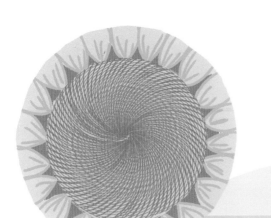

Chapter 2
神奇的
數字
$3 \times 6 = 18$

有些數字很特別。
有些會創造出模式,例如**費波那契數列**。
我們可以在自然界中發現到由費波那契數列所創造出的模式,
像是在貝殼及植物上的漂亮線條就是由這個數列創造出來的。
自然界中到處都可以找到這類模式。幾個世紀以來,
像畢達哥拉斯與笛卡兒等偉大數學家,
都有討論與定出這些數列與模式。

另一個特別的數字是**黃金比例**。
這是在藝術、建築與自然中都會出現的比例。
據說黃金比例能夠創造出和諧的美感。

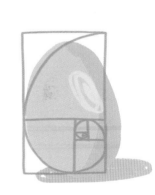

大數可以幫助我們了解周遭的世界,
像是去計算國家的人口數,或是一個蟻穴中的螞蟻數量。

碎形是由同樣的物件,
以不同的大小及比例重複形成的幾何圖案。
碎形在自然界中很常見,
像在雪花、蕨類與叉狀閃電中就可以看到。

費波那契數列

費波那契數列是一系列的數字。
數列中的數字都會是前兩個數字的總合——就是這麼簡單！

$$0 + 1 = 1 \qquad 1 + 1 = 2 \qquad 1 + 2 = 3 \qquad 2 + 3 = 5$$

就這樣一直持續下去！

0,1,1,2,3,5,8,13,21,34 ...

讓這個數列在歐洲出名的人叫李奧納多·皮薩諾·比戈羅，
他又被稱為費波那契，所以我們稱這個數列為費波那契數列。
費波那契在1202年寫了一本名為《計算之書》的著作。
今日世界上大部分地區所使用的印度—阿拉伯數字就是他幫忙傳播的。

1,2,3,4,5,6,7,8,9,10

在這之前，許多人用的是羅馬數字：

I, II, III, IV, V, VI, VII, VIII, IX, X

這個數列並不是費波那契發現的，不過多虧他才讓這個數列變得出名。
在印度，人們是透過數學家維拉漢卡的著作知道有這個數列，
而維拉漢卡大概是生活6六世紀到8世紀之間的某個時期。

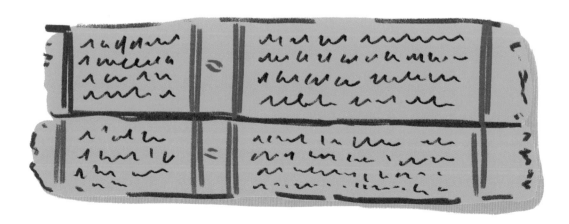

生命之梯

在自然界的許多地方都可以找到費波那契螺旋。看看你的周遭！一朵花的花瓣數目、種子穗上或果實內的種子數目、松果上的尖刺數目與莖上的葉子數目，都是費波那契數字。去算算一朵花中有幾片花瓣，可能就會發現費波那契數字。

費波那契數列有時會被叫做「自然密碼」。

數學新鮮事

以橫切的方式從蘋果中間剖開，你會看到種子形成的5點星狀，這就是一個費波那契數字。

你知道嗎？

在美國，11月23日是費波那契日！這是因為這個日期的數字是1、1、2、3。
1、1是因為11月是第十一個月份，而2、3是因為日期是23日。

黃金比例

黃金比例是個特別的數字，大約等於1.618。
1.618對上1的比例據說能在藝術與建築上創造出美麗的形狀，
——就連人體的美學也適用！

臉的黃金比例

當人臉上的眼睛、鼻子與嘴巴等特徵是對稱的，而且臉長對上臉寬的比例是1.6比1時，這張臉看起來就會很有「吸引力」。這表示一張看起來漂亮的臉，臉長大概是臉寬的1.5倍——真神奇！

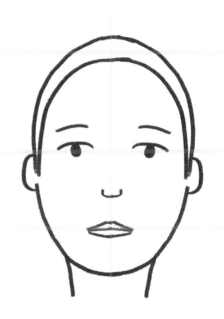

符號

黃金比例可以用希臘字母φ表示。

有些數學家說，大約在西元前438年建造完成的古希臘帕德嫩神廟，就符合黃金比例。神廟正面的寬度大約是高度的1.6倍，讓它看起來很典雅。

藝術中的黃金比例

許多藝術家會在自己的作品中用上黃金比例,因為這樣的比例看起來最賞心悅目。李奧納多・達文西稱它為「神聖的比例」,並在包括《蒙娜麗莎》在內的許多作品中使用黃金比例。

黃金比例與費波那契數列

有趣的是,黃金比例與費波那契數列間是有相關性的。在費波那契數列中,除了前幾個數字之外,每個數字與下個數字之間的比例也相當接近黃金比例。

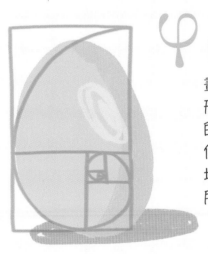

自然界中的黃金比例

畫一個長寬比為1.618:1的長方形。接著將長邊當作另一個長方形的寬邊,再以同樣的比例畫一個包住原先長方形的長方形,如此這般地畫下去。再畫一條螺旋線連接你所畫正方形的對角。

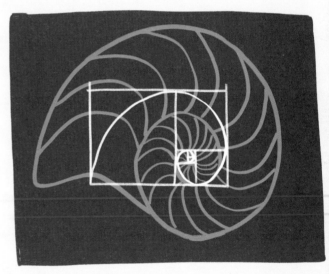

我們用費波那契數列畫一系列正方形時,會創造出一個螺旋。我們在自然界中的許多形狀上都可以看到這個螺旋,例如蝸牛的殼。

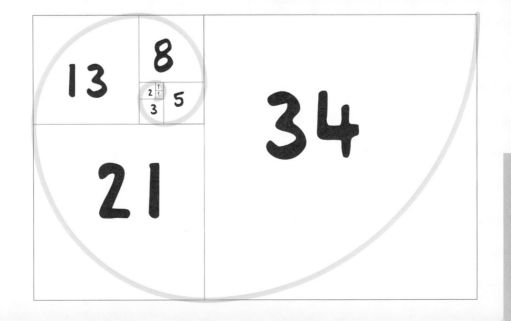

碎形

碎形是以不同比例的單一圖樣排列而成。它們不是隨機產生，
而是單一幾何圖樣以不同放大比例重複產生，
因此它們可以應用在各式各樣的日常生活情境中。

 ## 自然界中的碎形

葉子與雪花都具有碎形。羅馬花椰菜以及鳳梨也是。

 ## 醫學中的碎形

醫學中也會運用到碎形。醫生會運用血管中的碎形圖樣來了解某些類型的疾病。

 ## 家裡的碎形

電視天線利用碎形結構來運作某個範圍的**頻率**，讓我們可以看電視！

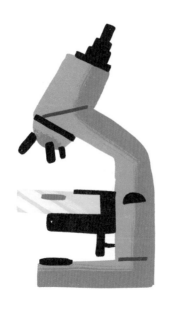

數學中由碎形組成的形狀

數學家創造了好幾種碎形，包括了科赫曲線（如正下方圖）、科赫雪花（如右下圖）以及謝爾賓斯基三角形（如左圖）。科赫雪花是最早被提到的碎形之一。

數學中的碎形

最先研究並將其命名為碎形的是數學家本華·曼德博（西元1924年至2010年）。他觀察自然界中的形狀，並發現像海岸線及雲這類通常被認為是「不規則」或「混亂」的東西，其實是有一種秩序的。他創造了一個公式來解釋這形狀。曼德博是第一位用電腦（他可以使用IBM公司的電腦）來製作碎形圖案的人。

有一個著名的碎形圖樣就是以他來命名，稱為曼德博圖集。曼德博圖集以越來越小的比例不斷重複，形成無窮無盡的圖樣。

動物與數量感

你知道有些動物有數量感嗎？雖然聽起來很神奇，但真的是這樣。研究顯示像靈長類、鳥類甚至是魚類等動物，都有「多少」的概念。牠們雖然不會像你一樣一個一個地數，但牠們具有數學家所說的數量感。這表示牠們能大致估算東西的數量，而不是精確地「計算」。已經有證據顯示動物會注意到數量，像是注意到一窩動物寶寶中有一隻不見的情況。

聰明漢斯

在20世紀初，有位名為威廉·馮歐斯坦的人宣稱他的馬「聰明漢斯」會算數。他展示了這匹馬在他問問題時可以進行數學**運算**，即使問題是用寫的也可以！可悲的是，經奧斯卡·普芬斯特調查發現，聰明漢斯並沒有在「做計算」，牠只是在回應提問者的肢體語言而已。儘管如此，牠仍是一匹非常聰明的馬！

烏鴉雅各

奧托·科勒從1920年代到1970年代研究了幾種動物的數量感。他的研究對象之一，是一隻名叫雅各的烏鴉。這隻聰明的鳥兒可以數到多達5個的東西。

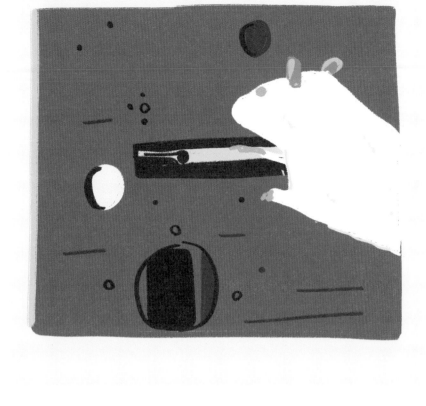

 ## 來壓桿吧！

在1980及1990年代，包括弗朗西斯‧梅克納、約翰‧普拉特以及大衛‧約翰遜等人的研究都顯示，老鼠及鴿子都懂得按壓桿子到一定的次數以上，食物就會掉下來。

 ## 螞蟻會算術嗎？

紅褐山蟻非常社會化。牠們成群生活，彼此時常交流食物、方向與危險等等訊息。在一項實驗中發現，偵察蟻在「算術迷宮」中似乎可以數到20，好告訴掠食蟻要到哪裡去找食物。螞蟻似乎會用簡單的加法及減法來給出指示。

大數

很大的數字有時的確很難理解。
數字裡頭有一大串的0時，可能會讓人感到困惑。
為了讓你的腦袋有清楚的概念，你可以拿日常生活中的東西來類比，
想看看那些東西有百萬個或10億個會是怎樣！

ooo 百萬

100萬就是1後面加上6個0。

1,000,000

如果你把這想成是幾張多少錢的鈔票會更容易理解。
100萬的「價值」就是1,000張1,000元的鈔票。

1,000個1,000=100萬

1,000 x 1,000 = 1,000,000

ooo 什麼樣的東西會用百萬來計算？

城市與國家的人口數會用百萬來計算。世界上最大的城市
是日本東京，大約有3,800萬人住在那裡。
查查看你的國家總共有幾百萬人吧！

數學新鮮事

100萬秒大約是11.5天
的時間。100萬分鐘大
約是2年的時間。

○○○ 10億

10億等同於1,000個100萬，
用1個1後面加9個0來表示。

1,000個1,000,000=10億

1,000 x 1,000,000 = 1,000,000,000

1,000,000,000

○○○ 什麼東西會用10億來計算？

全世界的人口數會用10億來計算。截至2020年3月為止，
全世界的人口大約是7,800,000,000人。

?

數學新鮮事

如果你每秒鐘數一個數
字，一直不停地數下去，
那你要花32年的時間才
能數到10億！

7,800,000,000

 # 巨大的數字

有些數字大到通常只有在數學或天文學中才會用到。

我們有：

兆 (12個0)

1,000,000,000,000

千兆 (15個0)

1,000,000,000,000,000

百京 (18個0)

1,000,000,000,000,000,000

十垓 (21個0)

1,000,000,000,000,000,000,000

秭 (24個0)

1,000,000,000,000,000,000,000,000

千秭 (27個0)

1,000,000,000,000,000,000,000,000,000

百穰 (30個0)

1,000,000,000,000,000,000,000,000,000,000

十溝 (33個0)

1,000,000,000,000,000,000,000,000,000,000,000

 ## 什麼時候會使用到這些巨大的數字？

這些數字大多用在數學概念的計算上，我們在日常生活中不太會用到。科學家有時會用到這些巨大的數字。舉例來說，當物理學家提到光速時，會以兆為單位。像光傳播的速度大約是一年9.5兆公里。這個距離就稱為光年。

天空中明亮的北極星距離地球至少有320光年。

 ## 滿天都是星星的夜晚……

你曾經在晴朗的夜晚仰望天空，看見滿天都是亮晶晶的星星嗎？宇宙中大約有100,000,000,000,000,000,000,000至300,000,000,000,000,000,000,000顆星星喔！

數據

數據就是為特定目的所收集的一系列觀察資料。
我們有著各式各樣不同的數據：

定性數據

用來描述某件事的數據。例如最棒的
海灘或最難吃的點心等這類意見。

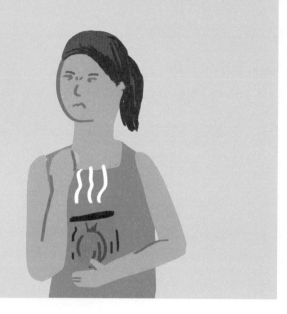

定量數據

用來計算某件事的數據，可以提供
數字資訊。例如你班上同學的身高紀
錄。

定量數據可以是離散的，也可以是連
續的。

離散數據

這種數據是以整數來計算。它可能的
值是**有限**的，例如1個星期有7天。

連續數據

這是經過測量得出的數據，在給定範
圍內的可能值是無限的，例如某地在
某一個月裡的溫度。

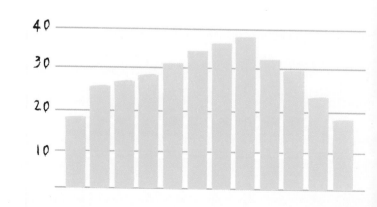

數據要怎麼收集？

收集數據的方法很多。可以經由觀察來收集，像是計算行經車輛數目的交通研究。

數據也可以經由取樣或普查來收集。取樣是從一個群體中收集幾個數據，普查則是從整個群體中取得所有的資訊。

如果你在有1,000名兒童的學校中，問每個小孩有養什麼寵物（如果有的話），就是在進行普查。若你只問其中一個班級的小孩，那就會是取樣。取樣數據的精準度不如普查數據，但比較容易取得。

為什麼收集數據很重要？

收集數據可以幫助人們決定要採取什麼行動，這是很重要的事情。例如政府收集數據可以協助他們決定教育、衛生以及就業的政策。普查收集來的數據可以讓政府知道5年內有多少小朋友要開始上學，這樣他們就可以規劃學校名額。

數據處理與統計

收集完數據就要進行處理，找出值得分享的資訊。
像統計這類資訊可以幫助人們做決定。

什麼是統計？

統計就是數據的科學。它收集、分析與展示數據。統計可以用來幫助研究與預測事物，像是天氣的模式。醫療、經濟（交易了多少金額與貨物）與行銷（販售商品）都會用到統計。研究統計的人被稱為統計學家。數據可以用不同的方式來展示，像是**圖表**。這些展示可以幫助人們了解統計的意義。

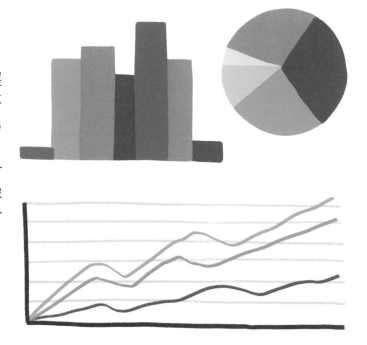

機率

醫生使用統計來了解疾病如何散播。舉例來說，統計可以幫忙預測在全部居民中會有多少人在冬天染上感冒。有助於醫生預測需要準備多少劑疫苗，以及會有多少生病的人來看醫生。工程師也會使用統計來計算他們可以按時完成計畫的**機率**。

天氣預報

你有沒有在電視上看過天氣預報呢？統計對預測天氣模式非常重要。強大的電腦會運用統計函數將現在的天氣狀況與過去的模式相比較，以便預測會發生什麼樣的狀況。

政治上的統計

政治人物在競選時會使用統計，來了解自己贏得選舉的機率。新聞媒體也會使用統計幫忙預測選舉結果。

保險上的統計

人們會買保險，以便出意外時可以獲得理賠。舉例來說，車險會在發生交通意外後支付車輛維修的費用，房屋保險會支付火災或水災造成的房屋損壞。買保險的錢稱為保費，它是透過計算意外發生的機率，以及保險公司的理賠費用計算出來的。

統計無所不在！

舉凡商業、運動、教育、金融、研究與政府都會用到統計。生活在現代是不可能不用到統計的！

乘積與因數

在數學中，2個以上的數字相乘所得出來的值就是積。

$$3 \times 6 = 18$$

18 是 3 和 6 的積

$$5 \times 4 = 20$$

20 是 5 和 4 的積

 負負得正！

2個正數的乘積會是正的，這一點都不會讓人覺得驚訝。不過，2個負數的乘積也是正的哦！

$$-4 \times -5 = 20$$

因數

在數學中，乘積的相反就是因數。因數是你用來乘以其他因數得出積的那個數字。

3 和 6 是 18 的因數

一個數字可能只有2個因數，或也可能有很多個。

日常生活中的因數分解

你有時可能會想：「什麼時候數學技巧才能在教室以外的地方派上用場？」答案是很多地方都會用到因數分解！因數分解是基本數學，可以將乘法倒推回去發現哪些數字相乘時會得到那個乘積。

當你將東西等分，你就是在做因數分解。舉例來說，若是有6個小孩種了草莓並收成了24顆草莓，每個小孩得到4顆草莓就是很公平的分法。將24除以6會得到4，也就是6個小孩都會得到4顆草莓。

在換零錢及鈔票時也會用到因數分解。

Chapter 3

形狀

形狀出現在我們周遭的每個地方！
看看你的四周，每個東西都有著各式各樣的形狀。
形狀的數學稱為幾何學。

我們會從維度來討論形狀。
在數學中，長度、寬度及高度都是維度。

線是一維的。線只有長度沒有寬度。

接下來是像圓形、正方形、三角形等等的二維形狀。
它們有長度及寬度。它們是平面的圖案，沒有深度。

再接下來就是像球體、正方體、錐體等等的三維形狀。
三維形狀有3個維度：長度、寬度及高度。
它們都是立體的圖案，而且具有深度。

多角形與多面體

多角形是二維的形狀，由直線、角與點所構成
多角形的原文polygon是個希臘字，poly是「許多」意思，gon是「角」的意思。
任何有曲邊的形狀都不是多角形。

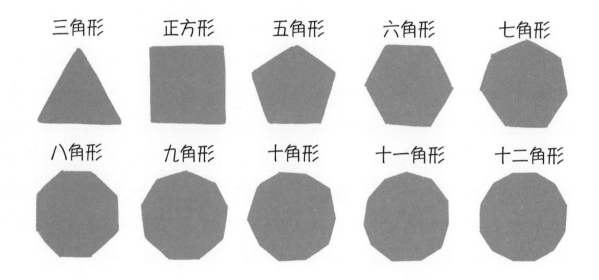

三角形　　正方形　　五角形　　六角形　　七角形

八角形　　九角形　　十角形　　十一角形　　十二角形

正多角形

正多角形的邊長都一樣長，內角（邊與邊的夾角）也都一樣大。

這是個正七角形，有7條直邊。

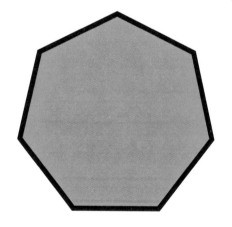

不規則多角形

不規則多角形的邊長不一樣長，內角也可能都不同。

這是一個不規則七角形，因為它的邊長不一樣長，內角也不同。

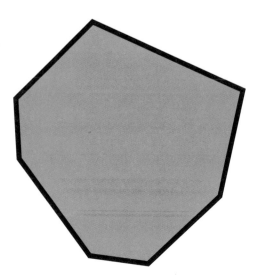

指出不一樣的地方

看看這些三角形及**四邊形**。你可以看出為什麼有些是正多角形，而有些不是規則的多角形嗎？

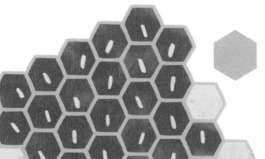

自然界中的多角形

你在身旁的世界裡就可以看到很多的多角形，例如蜂窩就是由正多角形（有6個邊的正六角形）所構成。

你在蛇皮上也可以看到正六角形。

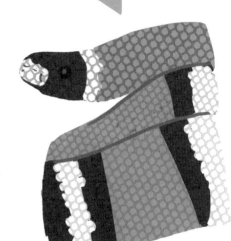

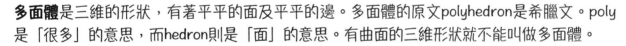

多面體

多面體是三維的形狀，有著平平的面及平平的邊。多面體的原文polyhedron是希臘文。poly是「很多」的意思，而hedron則是「面」的意思。有曲面的三維形狀就不能叫做多面體。

立方體與三角錐體都是多面體。

圓錐體與球體因為有曲面，所以就不是多面體了。

有曲線的形狀

有些二維形狀有曲邊，像是圓及**橢圓**。
有些三維形狀也有曲邊，像是球體、圓柱體與圓錐體。
看看自己的周遭，
你會發現到處都有帶著曲線的形狀！

圓

圓是有曲邊的二維形狀，例如錢幣。圓的邊到它的中心點都是一樣的距離。圓是世界上最對稱的圖形，幾乎有無限條的**對稱軸**。只要你從邊上一點畫條直線穿過圓心到邊上的另一點，直線所劃開的兩半就是對稱的圖形。

橢圓

橢圓是個有曲邊的二維形狀。它有2條穿過圓心的**軸**。

比較長的那一條是長軸，比較短的那一條是短軸。這兩條軸的兩邊也是對稱的圖形。

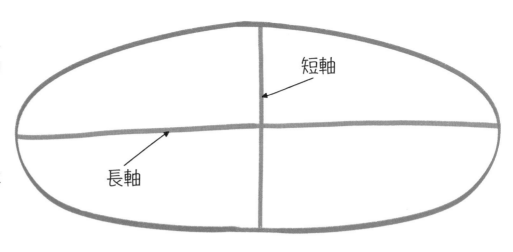

短軸

長軸

球體

球體是有曲面的三維形狀。它非常圓。球就是一種球體。地球則接近球體。球體表面上的任一點到中心的距離都是一樣的。

圓錐體

圓錐體是三維形狀，它是一個基底為圓形的三角錐。好吃的冰淇淋甜筒就是圓錐體！你還可以在尖物末端發現圓錐體，像是木工在用的釘子。你在學校的工藝課中可能用過這些東西。

圓柱體

圓柱體也是有曲邊的三維形狀。罐裝飲料就是圓柱體，輪子也是。圓柱體常用來貯藏東西，因為它們的底是平的，可以直立，甚至可以疊起來。

如果你攤開一個圓柱體，會得到1個長方形及2個圓形。

圓周及其他

圓周就是測量圓邊長所得到的總長度。
圓弧是圓周中的一段。

數學家有提到一個稱為圓周率的特別數字（請參考第54頁），
這是圓周除以圓的直徑所得到的數字。

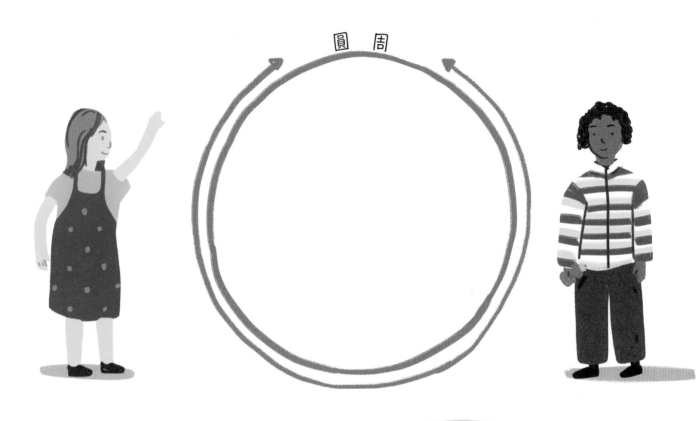

圓　周

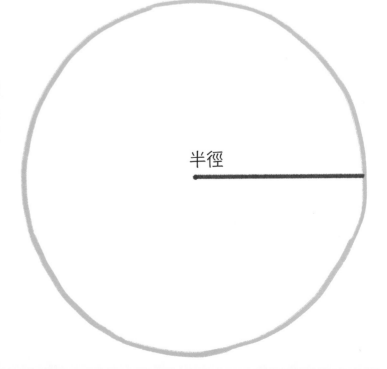

● 半徑

圓的半徑是圓心到圓
周的距離。半徑的長
度是直徑的一半。數
學家用 r 來代表半徑。

半徑

● 直徑

直徑是圓周上兩點通過圓心所連成的直線距離。直徑的長度是半徑的2倍。

直徑

● 弦

弦是連接圓周上兩點的直線。直徑是一個特別的弦，它是最長的弦，因為它從圓的一邊穿過圓心連到另一邊去。

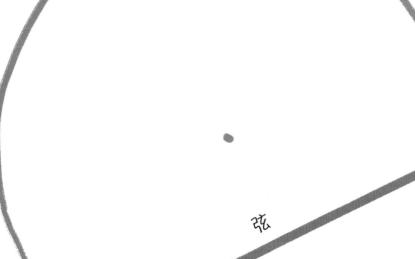

弦

圓周率

圓周率是個特別的數字，它以希臘字母π這個符號來代表。
π是希臘文中「周長」這個字的第一個字母。
圓周率是一個圓的周長與其直徑的比率。
無論圓有多大，任何圓的周長都是直徑的3.14倍左右，
因此圓周率的值「大約等於3.14」。

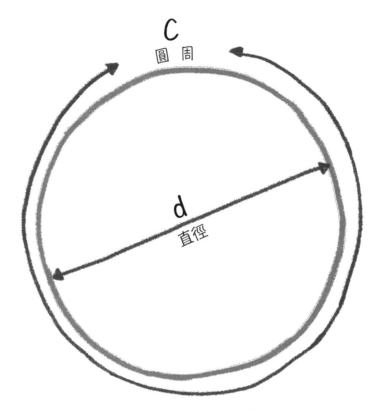

c
圓周

d
直徑

π 圓周率的公式

我們可以將前面所說的規則寫成公式，圓周率就等於圓的周長除以直徑。

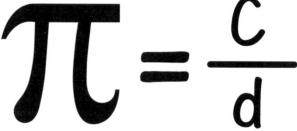

$$\pi = \frac{c}{d}$$

π 無限小數

圓周率是個無限小數，小數點後的數字永遠除不盡。
它以3.14159265358979323846426433起頭，然後後面的小數會不斷持續下去！

3.1415926535897932384626...

π 探索圓周率

大約在西元前1550年，埃及學者艾哈邁斯在一份名為《萊因德數學紙草書》的著作中寫下圓周率的大概值。

巴比倫人探討圓周率，也透過畫出大圓以及用長繩來測量大圓周長與半徑的方式，來計算圓周率。

π 圓周率的應用

天文學也會利用圓周率來計算天體的運行**軌道**。圓周率也用於計算圓的面積。圓的面積為圓周率乘以半徑的平方：
$A = \pi r^2$。

π 阿基米德等人

西元前250年，希臘數學家阿基米德在一個圓內畫了一個96邊形來找出圓周率數值。西元150年左右，希臘羅馬科學家托勒密算出圓周率大約是3.1416。西元500年左右，包括祖沖之在內的中國學者使用了16,384邊形計算出更準確的圓周率。

π 越來越精確

西元1424年，波斯天文學家賈姆西德·阿爾卡西精確計算出小數點後16位數的圓周率。西元1621年左右，荷蘭科學家威理博·斯涅爾精確計算出小數點後34位數的圓周率。西元1630年左右，奧地利天文學家克里斯多夫·格林伯格則精確計算到38位數。今日圓周率可以用**人工智慧**來計算，不過它當然還是個無限小數！

四邊形與長方體

四邊形是由4條直邊組成的形狀。
英文quadrilateral中的quad為「四」的意思，lateral則是「邊」的意思。
四邊形的所有內角總合為360°（請參考第60頁）。
四邊形與**長方體**是重要的形狀，
因為它們相當堅固而且很容易就可以組合在一起，所以建築常會採用這種形狀。

 ## 平行四邊形

平行四邊形是一種四邊形，它有
2對**平行**的邊，而且對邊是等長
的。平行四邊形有4條邊及4個頂
點（邊相交的地方）。

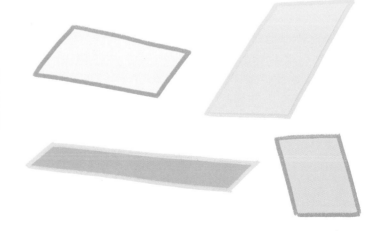

正方形

正方形是一種平行四邊形，它的4個邊都等長，4個角也一樣大。

正方形是有4條等邊的二維形狀。對邊是平行的，而且所有邊長都一樣長。正方形的每個角都是90°直角。

 ## 長方形

長方形是一種平行四邊形。它是有兩對等邊的二維形狀。

長方形像正方形一樣，每個角都是90°直角。

 ## 長方體

長方體是三維的，大多數的盒子都是長方體。長方體有6個長方形的面，它的所有內角都是直角。長方體也是種長方形的柱狀體，因為它沿著長邊的橫截面都一樣大。也就是說，如果你將長方體切片，看到的仍會是相同的形狀。

 ## 正方體

正方體是一種所有邊長都一樣的長方體。正方體跟長方體一樣有6個面及12條邊。它們都有8個角。每個角都有3條邊相交。正方體是正多面體。這代表它所有的面都是同樣的正多角形，在每個頂點交會的正多角形個數都一樣。

三角形

三角形非常堅固，跟正方形、正方體與長方體一樣，經常使用在建築中。特別是屋頂的地方會看到三角形，因為三角形堅固又有傾斜的側邊可以讓雨或雪往下滑。這代表屋頂比較不容易損壞，所以三角形也可以幫我們省錢！

 三角形

三角形有3條直邊及3個頂點。三角形內角的總合為180°（請參考第60頁）。

各式各樣的三角形：

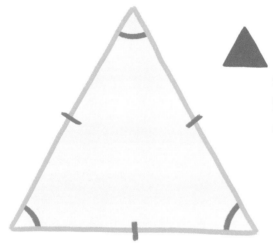

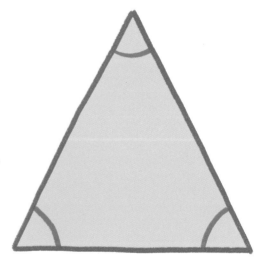

等邊三角形（正三角形）

等邊三角形有3條等長的邊與3個相同的角。三角形的內角加總是180°，所以這代表它的每個角為60°。

 等腰三角形

等腰三角形有2條等長的邊，以及2個一樣大的內角，這兩個內角稱為底角。

不等邊三角形

不等邊三角形有3條不同長度的邊，以及3個不一樣大的內角，但內角的總合仍是180°。

直角三角形

直角三角形的一個內角是90°，所以其他兩個內角加起來是90°，請記住，三角形的內角總合是180°。

三角錐

三角錐是個三維形狀，它有4個三角形的面。三角錐的底部可以是正方形或是三角形。正方形底的三角錐有5個面、5個頂角及8條邊。

三角形底的三角錐有4個面、4個頂角及6條邊。

數學新鮮事

以三角形為底的三角錐，若有等長的邊就稱為正四面體。

三角柱

三角柱是三維形狀。它有3個側面是平行四邊形，兩端則是三角形。有些帳篷就是三角柱狀的。

角

任何2條線相交就會形成角。角以度為單位。
完整轉一圈（伸出你的手臂完整地轉一圈）就是360°。

量角器

可以用來量測角度的工具叫做量角器。
有180°及360°兩種量角器。

各式各樣的角：

 ## 直角

直角為90°。直角在數學圖示中以正方形表示，方便你馬上知道那是直角。

 ## 銳角

銳角是小於90°的角，就是比直角要小的角。

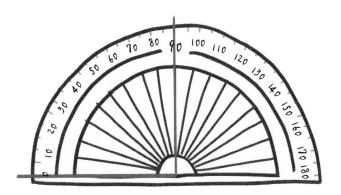

 ## 鈍角

鈍角是介於90° 和 180°之間的角度。

 ## 平角

平角是180°。

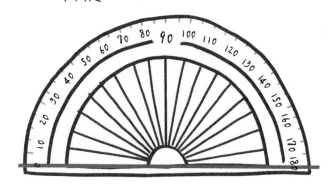

 ## 反射角

反射角介於 180° 和 360° 之間。

數學家在標示角度時，會在裡面畫上一條弧線（若是直角就會用正方形表示）。

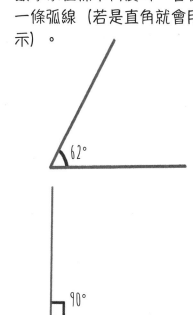

62°

90°

對稱

我們說一個形狀在數學上是對稱的時，是指它的一邊跟另一邊看起來一樣。世界上有著各式各樣不同的對稱，如**反射對稱**以及**旋轉對稱**。

反射對稱

反射對稱也稱為線對稱或鏡像對稱。

如果你畫條穿過某個形狀的中軸線，線的兩邊是對稱的，而且像是彼此的反射，這樣的形狀就具有反射對稱。蝴蝶就具有反射對稱。

你可以用小的方型觀察鏡來看看下面這些圖片在鏡子裡產生的反射對稱，就會看到有趣的影像喔！用鏡子看看這些形狀的另一半是什麼樣子吧，只要將鏡子放在虛線處就可以了囉！

多條對稱軸

所有的正多角形都至少有1條對稱軸。有些形狀則有多條對稱軸。

你可以用圖畫紙剪下各種形狀,再試著找出這些形狀的對稱軸。將這些形狀對半摺,就可以找出對稱軸。接著將形狀打開,用枝馬克筆標出對稱軸,用這樣的方式找出所有的對稱軸。

3條對稱軸

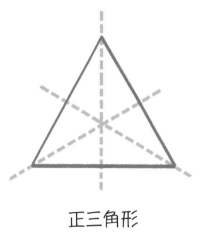

正三角形

4條對稱軸

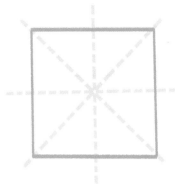

正方形

5條對稱軸

正五角形

6條對稱軸

正六角形

旋轉對稱

一個形狀旋轉某個角度（小於360°）後看起來還是一樣的話,這個形狀就具有旋轉對稱。

左邊這個形狀是3階的旋轉對稱,因為這個形狀在3個旋轉位置上看起都是一樣的。

鑲嵌

你家廚房及浴室牆上有瓷磚嗎？
如果有的話，瓷磚的排列就是一種**鑲嵌**！
鑲嵌是一種將二維形狀以無縫隙的方式貼合所排列出的圖案。

正方形、正三角形及正六角形都能進行鑲嵌，
因為它們都可以完全貼合而不會留下縫隙。
一幅鑲嵌圖案中的所有形狀不需要都一樣，
但它們要能完全貼合無縫隙。
鑲嵌的關鍵在於，任何一點上的所有形狀的頂點角度加起來都要是360°。

正則鑲嵌

在正則鑲嵌中，所有的形狀都得是一模一樣的正多角形，如下方的正六角形拼貼。

數學新鮮事

鑲嵌的英文tessellate來自拉丁文tessellar，意思是小塊的馬賽克瓷磚！

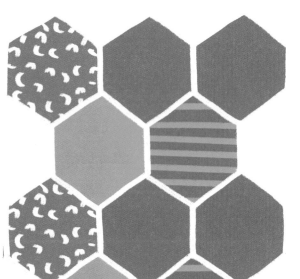

正則鑲嵌只有3種：正方形、正三角形及正六角形。在正則鑲嵌中，每個頂點處的圖案排列都相同。

這裡的圖案排列可用6.6.6表示，因為每個頂點處有3個六角形，而且六角形有6條邊。

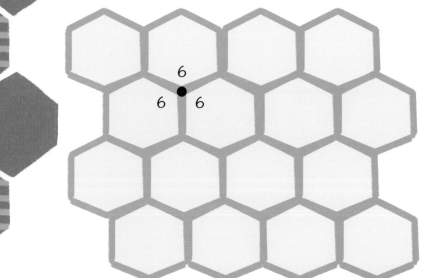

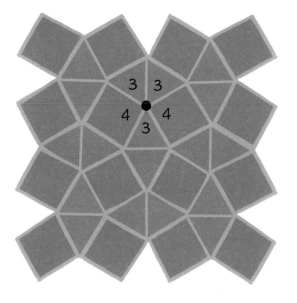

半正則鑲嵌

地板瓷磚就是半正則鑲嵌的例子。

在半正則鑲嵌中，可以用2種以上不同的正多角形來排列圖案，但頂點處的排列模式要一樣。要為鑲嵌圖案「命名」，你要看頂點的地方，並按順序寫下這個頂點周圍多角形的邊長數。所以左邊的地板瓷磚的圖案排列依順時針來看就是3.3.4.3.4。

各式各樣的鑲嵌

世界上有著各式各樣不同的鑲嵌。例如：以反射方式重複形狀的反射鑲嵌；以旋轉方式重複形狀的旋轉鑲嵌；以平移方式來重複形狀的平移鑲嵌。

你知道嗎？

藝術家莫里茨·科內利斯·埃舍爾在他的許多畫作中應用鑲嵌，製造出極佳的效果。奇特的圖案排列會形成特殊的錯覺。

自然界中的鑲嵌

自然界中也可以看到有趣的鑲嵌。蜂巢、龜殼、長頸鹿身上的花紋都是鑲嵌圖案。

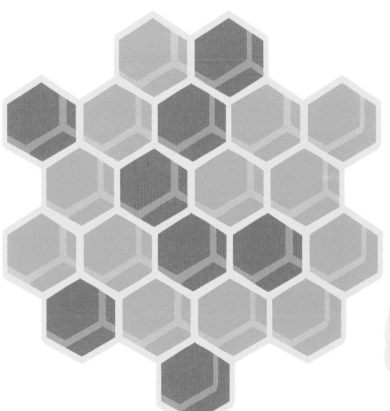

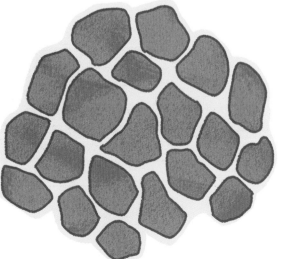

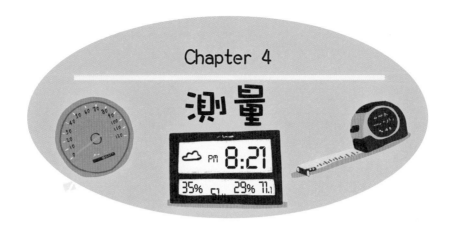

Chapter 4

測量

我們會測量東西，看看它們有多重、尺寸有多大，或是過了多久的時間。
我們會透過測量與計算來規劃生活，比如用日曆及時鐘來測量時間。

我們會利用標準單位來測量東西。
如果你在東京的商店買1磅或1公斤的堅果，
那跟你在倫敦購買的1磅或1公斤堅果是等重的。
我們都知道1磅或1公斤「代表什麼意思」。

無論你在世界上什麼地方，一天都是24小時。
雖然全球各地的時區不同，但這套時制可以協助人們一起安排會議與協調計畫。
不管是上學日、工作時數、公車及火車時刻表，我們都需要測量時間來安排生活。

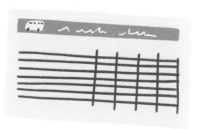

非標準測量單位

非標準測量單位是指，用手距或鉛筆長等單位來測量物品，
而不是用尺或秤來測量。
這可以讓人對量度有大致的了解，並讓人可以比較東西，
但不太精確就是了！

早期人類的測量方式

自有人類以來，人就有測量的習慣了！這並不是指我們打從一開始就有尺及時鐘，至少不是我們現在所知的樣貌。考古挖掘的證據顯示，早期人類就已經有測量的習慣，像是以帳目棍記錄過去的天數。第一套有紀錄的測量系統出現在美索不達米亞、埃及與印度河流域等古代文明中。不同的地區在農業、建築與貿易上會使用不同的測量單位。以前並沒有像我們現在這樣的全球「標準」測量單位。

非標準測量單位

就算你手上沒有尺，你還是可以量測物品。想像你想要量一張桌子及一張椅子的尺寸，但你手邊沒有尺。你可以用手距來測量，或甚至用鉛筆之類的物品來測量！

你得將鉛筆頭尾相接來測量，中間不能有空隙。桌子可能會有10枝鉛筆長、6枝鉛筆寬。若你也用同樣的方式量椅子的尺寸，而且量出來是5枝鉛筆長及3枝鉛筆寬，那麼你不用真的知道桌子及椅子實際上是幾公分或幾公寸，就可以比較兩者的大小（這張椅子的長度及寬度都是桌子的一半）。

肘距與蒲式耳

古埃及與羅馬的人們常以肘距來測量長度，肘距因地而異，不過通常是指從中指尖到手肘的距離，等同於2個手距。玉米或麵粉之類的貨物則常以體積來測量，像是在容器中可以裝進多少種子。中世紀時期的歐洲，體積的測量單位通常是蒲式耳。

數學新鮮事

克拉是今日仍在使用的寶石測量單位，這個測量單位原先是指一顆角豆種子的重量！而克拉在希臘文中指的就是角豆。

以身體來定義的測量單位

英國國王亨利一世將他伸直手臂時，他的鼻子到大姆指指尖的距離定為「1碼」！問題是，不是每個人的手臂都一樣長，因此這個測量單位就無法標準化。人們也會用腳掌長及一根手指的寬度來測量物品。看看你周遭的家人及朋友，很容易就會發現這樣會造成問題，因為並不是所有人的腳掌和手指尺寸都相同。

今日在學校中的非標準測量方法

學校的老師會用非標準的測量方法教小朋友測量長度及重量。要準確測量物品對小朋友而言不算簡單。學校會使用非標準的測量方法來教小朋友像是「比較輕」、「比較重」、「比較長」及「比較短」等概念。你還記得自己曾經用這種方法學習如何測量嗎？

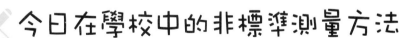

標準測量單位

無論你在世界上什麼地方，標準測量單位都是一樣的。這種單位不會有變化，並會使用像尺、秤、時鐘及溫度計等工具準確測量。

為什麼要用標準測量單位？

全球的人們開始頻繁貿易時，便需要每個人都能了解的測量單位。地區性或非標準的測量單位，不足以讓某個國家的人在與其他國家人民貿易時，能夠了解彼此所說的重量及測量單位。

早期的「標準」測量單位

古埃及、羅馬與希臘都使用「尺」為測量單位，但它並不是標準單位，因為它的長度因地而異。羅馬人也引入了「里」這個單位。隨著羅馬軍隊入侵及佔領各地，羅馬的里也傳遍整個歐洲，其中也包括現代英國所在的不列顛尼亞。1羅馬里等於5,000羅馬尺（大約是4,859英尺或1,481公尺）。西元1500年代，英國女皇伊麗莎白一世經由法律改變了英國「里」的長度，讓1英里等於5,280英尺。

數學新鮮事

在還沒有出現真正的標準測量單位之前，有許多奇怪的測量單位，像是手距、手指長、釘子長、棍子長、竿子長，以及桿子長！

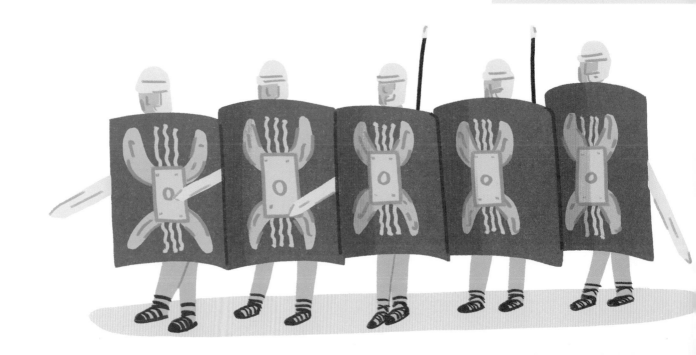

英制與美制測量單位

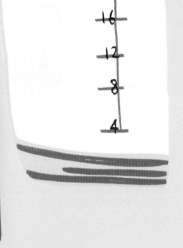

英制單位是一套大英帝國曾經使用過的標準測量單位。西元1824年的《英國度量衡法案》，在英國的領地引入這套測量單位。英制與美制的單位非常類似，因為這兩套測量系統都是以英國中世紀的測量方式為基礎。

英國與大多數的國家在上個世紀都改用公制系統（請參照下方內容）。不過美國仍然沿用磅與盎司等慣用的**單位**。

英制與美制單位

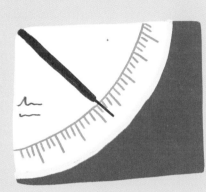

長度：英寸、英尺、碼、英里
重量：盎司、磅
體積：液體盎司、基爾、品脫、加侖
面積：英畝、公頃
溫度：華氏

公制測量單位

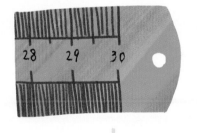

公制系統是法國在1799年開始採用的系統，這套系統在20世紀末期成為全世界最主要的測量系統。國際單位系統是由國際度量衡大會在1960年通過的現代公制系統。除了美國、賴比瑞亞及緬甸外，全世界的國家都採用公制系統。

公制單位

長度：公厘、公分、公尺、公里
重量：公克、公斤
體積：毫升、公升
面積：平方公分、平方公里
溫度：攝氏

長度與距離的測量

我們用長度及寬度來標出測量二維形狀所得到的數字，較長的那個維度稱為長度，與其垂直或較短的那個維度則稱為寬度或高度。距離則是在測量兩點或兩個物體相距多遠。長度是在測量單一物體在一個維度中有多長。例如去量一條直線的長度。

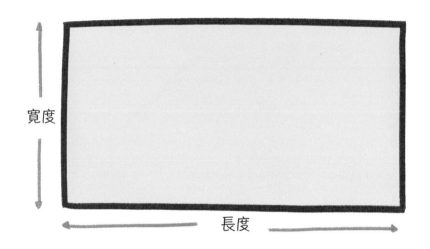

寬度

長度

英制與美制的長度單位

長度可以用英寸、英尺、碼與英里來表示。像鉛筆或橡皮擦之類的小東西就以英寸為單位。像學校到家裡這類兩地間的距離因為比較長，就用英尺、碼及英里來表示。

測量長度的工具

直尺及捲尺是用來測量小東西長度的工具。

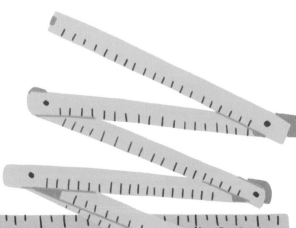

短距離（在花園或建築物中）可用測距輪或雷射測距儀來測量。

在汽車的儀表板上可以看到里程表。它顯示了車子行駛的距離。

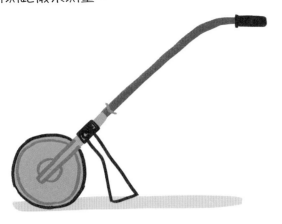

長度的公制單位

在公制測量系統中，很容易就可以進行單位換算。例如1公尺等於100公分。公分的英文是centimeter，cent是拉丁文中100的意思，而centi是百分之一的意思，meter則是公尺的意思。這可以幫助你記得1公尺就等於100公分！

1公里等於1,000公尺。公里的英文kilometer中的kilo是拉丁文中1,000的意思，這讓你很容易就可以記住1公里是1,000公尺！

I cm = 10 mm

I m = 100 cm

I km = 1,000 m

地圖

按**比例尺**繪製的地圖，可以幫助我們計算出兩點間的距離。比例尺告訴我們地圖上的距離與實際地面距離的比率。舉例來說，在公制系統中，一個比例尺為1:50,000的地圖中的1公分，就等於50,000公分（500公尺）的實際地面距離。在美制或英制系統中，1:63,360的比例尺代表地圖上的1英寸就等於63,360英寸（1英里）的實際地面距離。

測量重量

你有拿過很重的東西或提起裝滿滿的購物袋嗎？
重量指的是在將物體往下拉的**重力**。
重力則是物體彼此之間互相的拉力。
地球的重力讓你可以站在地上，
而不會飄浮在空中！
丟東西時，讓東西落到地球表面的力就是重力。
重力對「重」物的拉力較大，
這就是為什麼重物很難拿起來的原因！

質量

物體的重量指的就是作用在該物體**質量**上的重力。在地球上，質量及重量常被當作是一樣的，而我們所用的重量單位也跟測量質量時的相同。一塊又大又重的岩石質量很大，重量也很重。同樣的一顆岩石在月球上會有相同的質量，但重量則比較輕，這是因為月球上的重力比較小，所以它無法那麼用力地「拉」那顆岩石。

量東西的重量

秤及天平測重時會以盎司（oz）及磅（lb）或是公制的公克（g）及公斤（kg）標示。

毫克用在量測很小很輕的東西，例如：

公克及盎司用來量測小東西，像是迴紋針的重量大約是0.035盎司（1公克）。

你買的一包糖果可能重3.5盎司或100公克。

磅及公斤是用來量重一點的東西，像是一袋馬鈴薯或人的體重！

美噸及公噸則是用來量很重的東西，像是大象！

用來測量重量的工具

重量都是用磅秤來測量，包括：

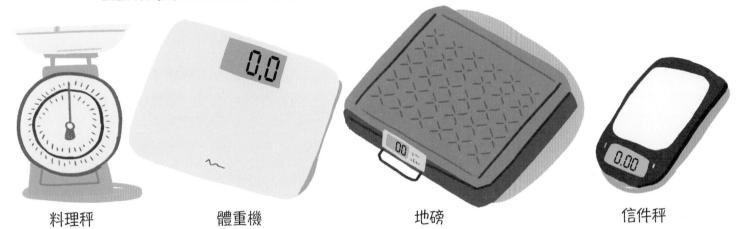

料理秤　　　　　體重機　　　　　　地磅　　　　　　　信件秤

公制單位換算

1毫克是千分之一公克，也就是1,000毫克（mg）等於1公克（g）。

1,000公克等於1公斤（kg）。

1,000公斤等於1公噸（t）。

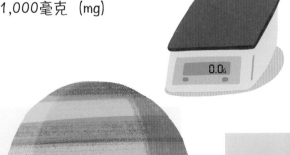

數學新鮮事

如果你在地球上的體重是32公斤，在木星上的體重就大約會是77公斤，這是因為重力不同的關係。不同星球上的重力會不一樣，造成你的體重有所不同。木星是大質量行星，它的重力大約是地球的2.4倍。

面積

面積以平方單位來表示。面積可以用來計算某個區域可以放入多少個平方單位。數學會去測量形狀的面積。而我們在現實生活中,則會去測量房間、地毯、地區,甚至是整個國家的面積!

計算面積

如果你家後院是個長7公尺、寬5公尺的長方形(若住在美國的話,就假設是7碼長及5碼寬好了),你將長與寬相乘就能得出面積。7 x 5 = 35,因此後院的面積是35平方公尺(若在美國的話,用前面的假設就是35平方碼)。

7公尺

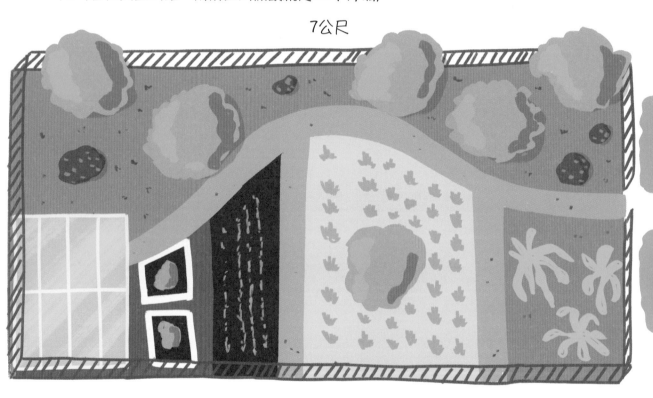

5公尺

在公制系統中,面積以平方公分 (cm²)、平方公尺 (m²) 及平方公里 (km²) 表示。在美制及英制系統中,則以平方英寸 (in²)、平方英尺 (ft²) 及平方英里 (mi²) 表示。

6英寸

4英寸

 # 計算長方形面積

要計算長方形的面積,要用長乘以寬。

面積 = 長 × 寬

左邊長方形的面積為6英寸 × 4英寸 = 24平方英寸。

 # 計算正方形面積

正方形是長方形裡的一種。但正方形所有的邊都是一樣長的。要計算正方形的面積,將兩條邊長相乘就可以了。

右邊正方形的面積為5公分 × 5 公分 = 25平方公分。

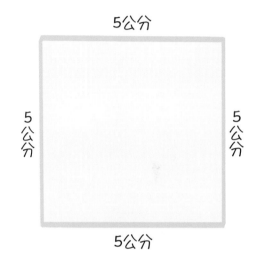

5公分

5公分

5公分

5公分

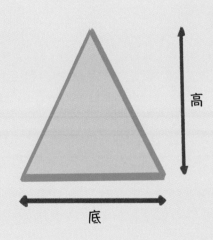

高

底

計算三角形的面積

計算三角形的面積,要將底乘以高再乘以1/2,若底是2英寸,高是4英寸,那麼面積就是:2英寸 × 4英寸 × 1/2 = 4 平方英寸。

公式為:

面積 = 底 × 高 × 1/2

 # 計算圓的面積

要計算圓的面積,要將半徑乘以半徑再乘以圓周率。

面積 = 半徑 × 半徑 × 圓周率

圓周率(請參考第54頁)大約是3.14。假設你要計算半徑為2公分的圓的面積,那就是2 × 2 × 3.14 = 12.56 平方公分。

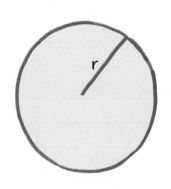

r

體積及容量

體積是指物體佔據了多少空間。像水壺或盒子這種中空的物體，可以裝入一定量的東西，例如瓶子可以裝果汁。
一個物體可以容納的體積就是它的容量。

你要買果汁或牛奶這類東西時，計算體積就很有用，還有醫師會根據你的體重算出你可以服用的藥物劑量。

計算長方體的體積

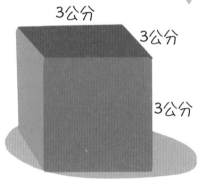

立方體的體積可用它的長、寬及高來計算。要計算某個立方體的體積，你要用長乘以寬再乘以高。

體積 = 長 × 寬 × 高

左邊立方體的體積為27立方公分。

測量體積及容量的單位

在公制系統中，體積與容量的單位是立方公分（cm³）、立方公尺（m³）、毫升（ml）、厘升（cl）及公升（l）。在英制及美制系統中，液體體積與容量的單位是液體盎司、品脫與加侖。

想一想容量與體積的差異。容量是一個容器的性能，指的是容器內部的空間有多大。體積則是容器中液體的量。

數學新鮮事

1立方公分可容納
1毫升的液體。

用來測量液體體積的工具

在廚房中，可以用量杯及量匙來測量液體食材的體積。

在科學實驗室中，可以用量筒、燒瓶、燒杯及滴管來測量液體的體積。有時也會用注射器來測量。

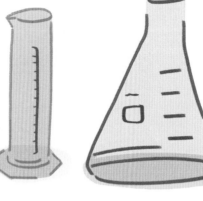

氣體注射器可以用來測量實驗中所產生的氣體體積。

露營車中要用來煮飯的瓦斯（例如丙烷或丁烷），會裝在以公升或加侖為單位的桶子中。

粉末的體積

在廚房中，粉末會用量匙或「杯」來測量。拿本食譜書，看看你是否可以找到需要1茶匙糖或鹽的食譜！

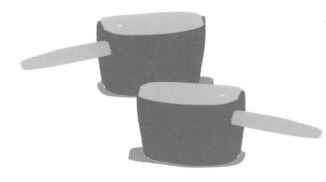

公制單位換算

10毫升等於1厘升，1,000毫升等於1公升。100厘升等於1公升。

時間

我們談到過去、現在及未來時，就是在談時間。知道時間讓我們可以安排自己的生活。時間幫助我們知道什麼時候要上學、什麼時候要上床睡覺，還有什麼時候要吃飯！

測量時間的單位

時間用秒、分、小時、天、星期、月、年、十年、世紀、千年來表示。

測量時間的工具

測量時間的工具有許多種，包括了手錶、碼錶、時鐘及日曆。

沒有時鐘之前要怎麼知道時間

早期的人類會觀察太陽、月亮及星星在天空的移動模式來標記時間，也會注意到季節的轉換以及白天與夜晚降臨的時間。知道時間可以幫忙人們計劃商務旅行、狩獵、耕種與節日。第一個用來標記時間的「時鐘」是用石頭組成的，例如環狀列石。環狀列石是以太陽一整年在天空位置的變化，來標記什麼時候是夏至及冬至。

巴比倫人及埃及人可能在西元前1500年就創造出第一個真正的日晷。這些日晷以白天時太陽在天空中的位置來判別時間。日晷利用影子的投射標記出時間。

大約在西元前1900年，古埃及人以高大細長的方尖碑來標記時間。藉由影子投射的長度及方向，就可以知道時間及季節。

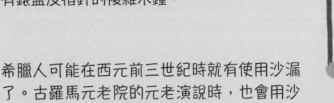

水鐘及沙漏

水鐘被認為是最早不使用太陽、月亮或星星等天體來計算時間的工具。水鐘經由水從一個有標記的容器流到另一個容器的方式來標記時間。古希臘發明家克特西比烏斯設計出有錶盤及指針的複雜水鐘。

希臘人可能在西元前三世紀時就有使用沙漏了。古羅馬元老院的元老演說時，也會用沙漏計時。沙漏在中世紀的歐洲變得普及。沙漏是將2個玻璃球接在一起，且裡頭裝著沙子。沙漏可以倒置，讓沙子從一個玻璃球流到另一個玻璃球中。沙子流到另一邊的時間都是一樣的，所以沙漏常用來測量一段時間，例如1個小時。

AM與PM以及24小時制

一天有24小時，且常常被分成兩段。第一段稱為am，這是源自於拉丁文中的ante meridian，表示上午的意思。am從午夜開始到隔天的中午。第二段稱為pm，源自拉丁文中的 post meridian 下午的意思。它從中午開始到午夜。在這套系統中，1至12的數字是用來標明時間。3 am指的是清晨3點，3 pm則是下午3點。

24小時制不用am及pm，直接用24小時來計算。在世界上某些地方，像是美國，這種時制稱為「軍事時間」。從午夜（00:00）算起，按24小時的順序運轉。早上3點是03:00，下午3點是15:00。

電腦與時間

你在電腦螢幕一角看到的時間，可能會是家裡所有時間中最準確的一個。它與網際網路時間**伺服器**同步，而且它非常準確。電腦中的「時鐘」會保持正常運作，並協助電腦持續更新。這個「時鐘」是個**微晶片**，負責調節所有電腦功能的時間及速度。

日曆

日曆標記出日子一天天地過去。我們使用日曆來安排生活。
我們也會在日曆上記下特別的日子，像是生日及節日。
隨著時間過去，日曆會讓我們知道日子、星期及月分。

早期的日曆看起跟我們今天掛在牆上的日曆不一樣。許多日曆是用石頭來製作的，
例如阿茲特克人的日曆看起來就像是美麗的石雕藝術！

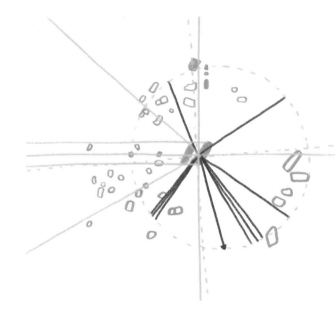

 ## 巨石

巨石是古老的石陣。有些歷史學家認為
石陣的擺設標記出天體的運行，可以當做
是一種日曆。英國的巨石陣建造於西元前
3000年至西元前2000年，人們相信它是
一種日曆。特殊的石頭排列出一年中日照
時間最長與最短之日的日出及日落。

 ## 阿茲特克人的日曆

阿茲特克人在14至16世紀時統治墨西哥的部分地區。他
們同時使用兩種日曆。阿茲特克**太陽**曆長365天，分為18
個20天的月分，再外加年末的5天。這個日曆是用來標記
一整年的農耕節氣。第二種日曆是阿茲特克神聖曆，這個
日曆有260天。阿茲特克神聖曆是專門標記宗教節日的神
聖日曆。

 ## 陰曆

陰曆是依照月亮從新月變成滿月再變回新月的每月周
期來制定。夜空中的月亮看起來會有形狀上的改變，
這是取決於你看到它面向太陽的部分有多少。因為月
亮反射了太陽光，你才看得到它。

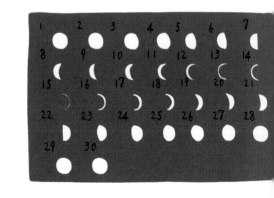

另一個在蘇格蘭沃倫菲爾德發現的古老陰曆可以追溯到西元前8000年。它是由12個坑所組成。人們認為當時的獵人可能利用陰曆來計劃狩獵活動。人們今日還是會使用陰曆來標記宗教節日，像是復活節、猶太新年、排燈節、農曆新年及齋月。

儒略曆

在羅馬時代早期，使用了一種10個月分的陰曆。西元前46年，羅馬的凱撒皇帝使用了儒略曆。這個日曆有2種不同的年分，一個是有365天的一般年，另一個是有366天的「閏年」。每3個一般年後會出現一個**閏年**，形成一個循環。因為這個日曆（以365天為一年）與真正的太陽年（365.24天）是不一致的。儒略曆每400年會多出3天。儒略曆遍及羅馬帝國各地，在格列高里曆（請見左方）創立之前廣泛使用。東正教至今仍在使用儒略曆。

格列高里曆 <small>（台灣所謂的「國曆」）</small>

格列高里曆是1582年由教宗格列高里十三世所提出。這是儒略曆的改良版，不過它並沒有改變月分或是每個月的天數，而是特別規定，除非能被400整除，不然所有能被100整除的年分都不設閏日。這項改變讓這份曆法可以跟太陽年保持同步。不過格列高里曆仍然跟天文時間有些微不同，每7,070年會有1天的差距！

農曆

現代中國使用格列高里曆，但他們也使用中國農曆（以日月節氣為依據）來標記節日。農曆創建的時間在西元前771年到前476年之間。每12年為一個周期，12年中的每一年都有一個不同的動物生肖。

回曆

在伊斯蘭世界裡的大部分地區，主要使用格列高里曆，但要估算宗教節日時就會用到回曆，回曆有12個月，但每年可能有354或355天。格列高里曆的2021年是回曆的1442年至1443年。

回曆的月分名如下：

1.穆哈蘭姆月	7.賴哲卜月
2.色法爾月	8.舍爾邦月
3.賴比爾・敖外魯月	9.賴買丹月
4.賴比爾・阿色尼月	10.閃瓦魯月
5.主馬達・敖外魯月	11.都爾喀爾德月
6.主馬達・阿色尼月	12.都爾黑哲月

時間表及時間安排

時間表利用數學來幫助我們安排自己的生活！我們可以用時間表安排約會及旅行。時間表與日曆及時鐘一同確保我們會在正確的時間出現在正確的地點。

上課時間表

有上課時間表，學生及老師才能知道一天當中的什麼時間要上什麼課。沒有時間表，就很難計劃活動或排定學生在不同時間使用器材的先後次序。舉例來說，學校可能只有一個體育館或禮堂，但有六個年級的班級要使用。沒有時間表，就會亂成一團！像這樣的時間表可以協助人們一起生活，共享資源。

交通工具時刻表

公車及火車都有時刻表。沒有時刻表，交通會打結，人們會不知道什麼時候要去公車站或火車站搭車去要到的地方。

看懂時刻表

時刻表上的時間看起來可能很複雜，不過一旦你看懂它們，就會發現非常有用。以右邊的時刻表為例，如果你想搭公車從塔橋站坐到西敏寺站，就要先從表中找到塔橋站。找到塔橋站後，沿著那一列就可以看到到達塔橋站的車次時間。時刻表中顯示的車次時間為8:48、10:14、11:59和13:59。要在塔橋站搭車，你就必須在這幾個時間點去車站搭車，不然公車可不會等人的喔！

公車站	每日時段			
聖保羅大教堂	08:34	10:00	11:45	13:45
倫敦塔	08:46	10:12	11:57	13:57
塔橋	08:48	10:14	11:59	13:59
碎片塔	08:56	10:22	12:07	14:07
泰德美術館	09:03	10:29	12:14	14:14
倫敦眼	09:12	10:38	12:23	14:23
西敏寺	09:17	10:43	12:28	14:28
唐寧街	09:23			
白金漢宮	09:30			

接著再看時刻表上西敏寺站的時間，就可以知道到西敏寺站需要多少時間。如果你在塔橋站搭到8:48的車，到達西敏寺站的時間就是9:17。你用到達的時間（9:17）減去出發的時間（8:48），就可以知道需要搭29分鐘的車程。

第一份時刻表

目前所知的第一份火車公開時刻表，是1839年在英國印製的《布拉德肖鐵路時刻表與火車旅行指南》。英國當時沒有標準時間，所以指南中所有的時間都以倫敦時間為準，這比英國艾希特市的時間要快18分鐘。西元1880年，英國採用了標準時間，所以這類問題也就解決了。

Chapter 5

數學與科學

數學與科學是齊頭並進的。
沒有數學，我們就無法測量或計算實驗的結果。

數學無所不在。STEM代表科學（science）、科技（technology）、
工程（engineering）與數學（mathematics）。
STEM教育是學校教育裡重要的一環，因為這些學科是許多重要工作的基礎，
從建造橋梁到進行香水測試都包括在內。
少了數學、科學、科技與工程這些學科，「工作」就無法進行──
因為這樣就沒辦法測量物質、計算角度、測量長度、估算計畫時間，
或列出解決問題的**方程式**！

沒有數學就沒有電腦或**人工智慧**（AI）。數學可以用來寫電腦程式碼，
然後電腦接著又能幫忙做數學運算。
電腦會使用稱為**演算法**的規則來解決複雜的數學問題。

沒有數學幫忙建造火箭及測量各種「力」（例如讓火箭射入天空的推進力），
就無法實現太空飛行的夢想。
少了數學，就不會出現專門為了工業而發明或建造的機器。

沒有數學，我們所知的醫學就不存在。
機率、統計以及其他的數據，都有助於確認新藥是否具有療效。
它們也幫助我們確定手術治療的效果，讓人們能夠過得更好。
數學也用來計算藥物的劑量，
以及計算讓病人在手術中昏睡所需的適當麻醉劑量。
少了數學，就不會有X光機這類醫生用來診斷與治療疾病的設備。

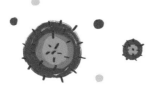

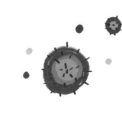

醫療與數學

醫生、護理師及外科醫生
每天都會用數學
確保我們的健康並拯救生命。
醫療專業人員會用數學來計算救命藥物的劑量，
也會用數學來計算服藥的劑量。

處方

大部分的藥物以每公斤需要多少毫克來計量。醫生根據病人的體重，用數學計算出所需的劑量。獸醫在治療寵物時也是這樣。

醫生運用數學計算出一天要服藥幾次才能達到所需的劑量，以及一次療程需要吃下幾錠藥丸。

醫生得弄清楚病人要吃下一包藥時，之前服用的藥物會在病人體內停留多長的時間。如果醫生不清楚，那麼最後病人體內會殘留過多的藥物劑量，因而影響病人的健康。病人體內的藥物量，每個小時會降低一定的比例，且降低的情況是可以預測與推斷的。

X光及斷層掃描

建造、運作及解讀X光機及斷層掃描機時,也需要用到數學。X光機拍攝我們體內的二維照片,顯示出骨折之類的情況。斷層掃描機提供三維影像,可以查看像大腦之類的器官的內部情形。斷層掃描機會從不同的角度拍攝數百張照片,然後電腦再用數學演算法將這些照片結合成三維影像。醫生會使用這類影像來幫助診斷疾病,以便進行治療。

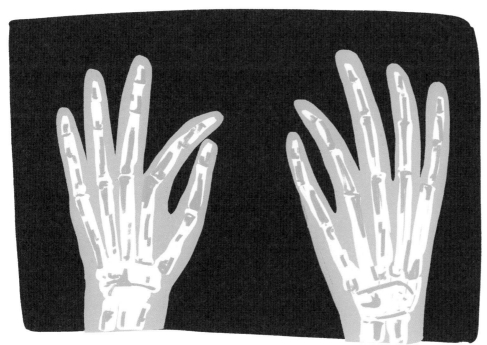

擊碎結石

碎石機使用震波來擊碎腎結石或膽結石這類在人體內形成的固體物質。若不用這種治療方式,就得透過開刀取出了。這時數學要如何派上用場呢?

外科醫生會將半橢圓球狀的碎石機放置在病人腰側。碎石機會發出超音波(人類無法聽到的音波),這些音波從橢圓球的內部表面一起反射到結石部位。所有的震波集中在結石上,將結石震碎。病人大約1個小時後就可以回家了。

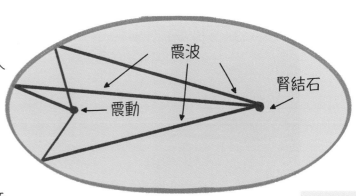

傳染病與數學

被稱為流行病學家的科學家，
會使用數學來追蹤**傳染病**的傳播和發展。
這有助於管理人群的健康以及模擬**地區流行病**或**全球流行病**可能造成的情況，
比如說新冠肺炎的爆發。
數學還可以計算**疫苗接種**計畫的成效。

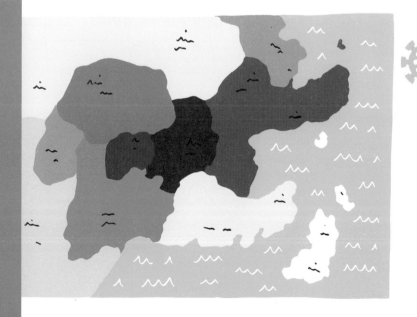

疾病的傳播及擴散

流行病學家運用數學模型來推測傳染病在人與人之間傳播擴散得會有多廣多快。這些資訊可以用於協助制定醫療政策，像是某個特定區域是否需要採取**隔離**措施。

SIR 模型

SIR數學模型於1927年發明，是用來研究人群中的傳染病傳播情形。SIR的S代表易感染者（susceptible），I代表感染者（infected，也就是具有傳染力的人），而R代表康復者（recovered，也就是痊癒或打了疫苗而免疫的人）。SIR所產生的數字，之後會根據所研究群體在總人口中所佔的比例進行相乘。SIR會用於研究麻疹、腮腺炎及風疹這類MMR疫苗可以預防的疾病。

R值

你可能會在人們談論新冠肺炎時，聽到他們提到R值。R值指的是傳染病的再生數。

R值是一種估算疾病在人與人之間傳遞程度的方法。它代表一位感染者平均會傳染給多少人。R值能告訴我們傳染病是否會消失，還是會迅速擴散，或是會保持不變。如果R值大於1，疾病就會擴散。R值越高，疾病擴散得就越快。若每個感染者都傳染給更多的人，那麼染病的人就會以倍數增加。

如果R值等於1，疾病就會繼續在人群中傳播，但在任何時間中，感染的人數不會增加也不會減少。如果R值小於1，則代表每個感染者所傳染的人數小於1人，因此這個疾病就會消失。R值可以協助政策制定者決定隔離以及疫苗接種這類行動計畫。

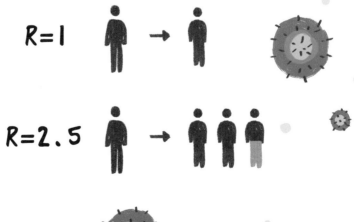

R=1

R=2.5

手術與數學

在外科醫生與麻醉醫師替病患動手術時，數學也會派上用場。
動手術時，若沒有運用數學進行計算，就無法保障病人的安全，
所以數學能夠拯救人們的生命！

手術中的數學模型

數學模型就是以數學概念及數學語言來描述一個系統。數學模型可以協助外科醫生了解過程，以及預測他們採取不同行動所可能產生的結果。這讓手術更有機會獲得良好的結果，接受手術的患者也得以改善健康並且順利康復。

腦部手術

腦部手術既精密又困難，但數學家找到了一個可以讓它安全一點的方法。現在已經可以將數學應用在細胞層級的大腦模型及研究上，無論是哪一種手術，都可以透過電腦**模擬**，運用數學來計算手術的成功率。

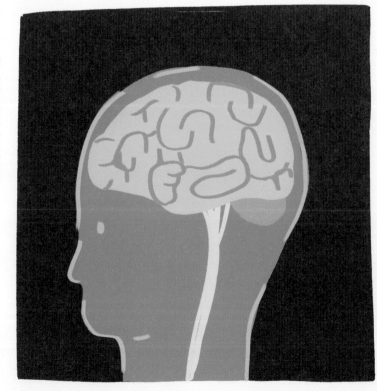

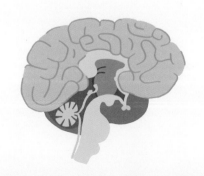

 ## 心臟手術

心臟外科醫師會運用數學來幫忙獲得他們想要達成的結果,也就是給病人一顆健康、能夠運作的心臟。他們在重建心室受損的部位時,會應用到數學上的對稱性。

外科醫生可以對個別患者的心臟建立幾何模型,並在模型上嘗試幾種不同的可能方式,以便選出最好的一種來進行手術。

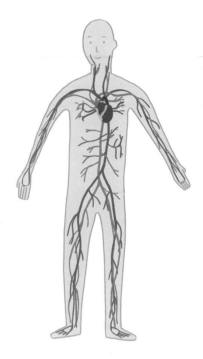

 ## 麻醉

你在動手術時不會知道發生了什麼事,也不會感到疼痛。這是因為你已經被藥物麻醉了。這些藥物可以用注射或吸入的方式給予。麻醉醫師會計算你在手術過程中昏睡所需的麻醉藥物劑量。

天氣預報與數學

你是否曾經為了要確定天氣好不好，是不是適合野餐，而去看天氣預報？
那你要跟數學說聲謝謝！從1920年代起，人們就開始用數學來預測天氣了。

數字天氣預報

在1920年代，一位名為維爾海姆·比約克內斯的挪威氣象學家（研究天氣的科學家）建立了一個有助於預測天氣模式的方程式。這就是現代天氣預報的開端。

1922年，英國數學家路易斯·弗萊·理查森想出了一個數學方法來解出預測天氣的方程式。他有了「預報工廠」的想法——人們可以在一棟巨型建築物的牆上畫出全世界所有的國家，裡頭會有多達64,000的人一同進行運算。事實上，若真的要這樣做，需要超過100萬人。理查森的想法無法實現，但它為使用**超級電腦**來預測天氣開啟了大道。

電腦運算天氣模式

大約在1950年代，電腦就可以運用數學模型來預測天氣，並擁有一定程度的標準性。今日，超級電腦可以使用全球衛星收集的數據來進行預測，不過因為天氣變化迅速，所以它們仍然只能預測接下來6天左右的天氣。計算中的任何小錯誤都會讓結果有大大的不同，進而對預測產生極大影響。

數學新鮮事

在1950年代，致力開發核子武器的數學家約翰·馮諾曼也曾努力研究天氣預報，想把天氣變成武器，不過這個計畫失敗了。

系集預報

天氣預報中有大量的變數（會變化的事情）會影響預報的準確性。這些變數包括：

太陽輻射
太陽光的輻射量取決於雲層的厚度。

降水
像雨、雪、雨夾雪及冰雹等落下的水。

地表水
海洋及湖泊釋放熱能的速度要比陸地來得慢。

地形
高山會影響降雨及風勢。

土壤
因為**蒸發**作用的關係，土壤的含水量會影響天氣預報。

植被
植物會將水釋放到空氣中。

因為這些變數，所以產生了系集天氣預報。這是指運用一組天氣預報來預測可以預期的天氣範圍。

數據收集

觀察數據（從可以觀察及測量的事物中收集來的資料）的收集方式非常多元。

氣象氣球會上升到地球大氣層的最低層，也就是對流層中，因為大部分的天氣狀況都發生在這裡。氣象氣球攜帶著稱為無線電探空儀的設備，去測量天氣狀況，並將數據傳送到接收器。氣象衛星會收集及傳送數據。還有特殊的飛機可以在熱帶氣旋之類的天氣系統周圍飛行，或飛越海洋觀察海洋冰層，以便收集資料。全世界各地的氣象站都會測量天氣狀況並收集數據。

超級電腦會運用演算法處理數據。英國氣象局的電腦每秒可以執行超過16,000兆次的運算。這樣天氣預報就會更準確，而且這全是數學的功勞！

氣候變遷與數學

氣候會隨著時間自然產生變化，但上個世紀變化的速度特別驚人，
最主要的原因是工廠與汽車燃燒**化石燃料**，
因而排放出溫室氣體。
像二氧化碳這類溫室氣體，會將太陽的熱量留在大氣層中，
保持地球的溫暖，讓生物得以生存。
但太多的溫室氣體會留住太多熱量，
造成氣溫以及海洋的溫度上升。

數學可以幫助科學家測量變化率並收集和處理數據，
讓政府可以根據數據來制定應對氣候變遷的政策。

上升的溫度

全球溫度上升到足以造成兩極冰帽融化，以及海平面緩慢上升。這樣的變化摧毀了北極熊及其他動物的棲息地，也引發沿海居住與開墾地區的洪水。

數據處理及統計

「氣候」代表一段時間中的平均天氣狀況。科學家會收集溫度、降雨、海平面與空氣污染等數據。這些數據是用來找出平均天氣狀況。持續記錄並研究這些平均天氣狀況的變化，可以幫助科學家了解氣候是否有任何變化或趨勢產生。

機率

數學家使用機率來預測因氣溫上升而造成的天氣模式變化，像是洪水以及會導致乾旱和野火的熱浪。機率可以幫助政府制定應對問題的行動，也可以促使政府改變政策以減少化石燃料的使用。

食品產業

食品產業是許多不同食品行業的集合名稱，其中包括了加工與製造食品的工廠。氣候變遷會影響食品產業，因為食品產業仰賴農業（種植農作物與飼養牲畜來做為食物），而農業又會受到乾旱及洪水這類問題的影響。數學家對氣候變遷的預測，可以協助食品產業為未來做好準備。

數學與綠能

風力與水力這類**再生能源**可以協助減少溫室氣體的產生，而溫室氣體就是加速氣候變遷的主因。數學模型有助於規劃用電計畫，像是供應城市電力需要多少組風力發電機。

地震與數學

地震會造成人命傷亡以及重大損失。科學家使用**雷射**來測量地面運動,而他們所做的計算有助於預測何時可能會發生地震,如此一來就能幫助人們遠離危險的區域。科學家還會在地震發生時運用數學來測量地震情況。

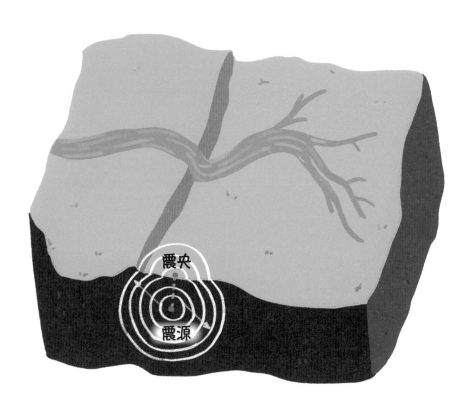

地球的分層

地球分為內部地核、外部地核、地函及地殼。地殼是由幾塊碎片(稱為板塊)構成,板塊移動得非常緩慢。當板塊的邊緣卡住,但板塊的其他部分仍繼續移動時,就會發生地震。這是因為板塊邊緣鬆脫時,移動板塊的能量會突然被釋放,就造成了地震。

地震波

能量會隨著**地震波**向外傳送。
地震波晃動大地，當地震波到
達地表，建築物可能會倒塌。
測量地震波的儀器稱為地震
儀。地震有時會發生在海底，
並造成一連串稱為海嘯的大
浪。

地震規模

地震的大小稱為地震規模，它測量的是地震波的強度。地震規模可以用芮氏地震規模或地震矩規模來
表示。芮氏地震規模是在測量地震釋放的能量。芮氏地震規模8或8以上的地震會摧毀震央上的所有東
西，幸好這種規模的地震很少發生。2004年，印尼西海岸附近發生了芮氏地震規模9.1~9.3的地震，
誘發了致命的海嘯。

震央

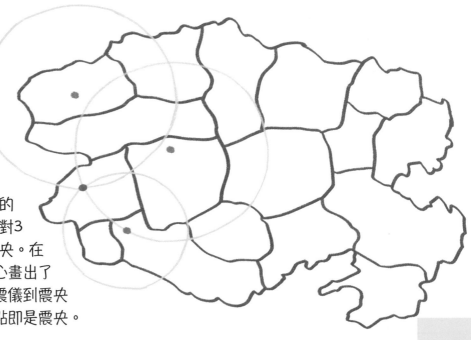

震央是震源直接投射到地
面上那一點的位置。科學
家運用數學來找到震央。
他們測量並繪製地震波的主
波及次波。主波與次波的到達
時間，讓科學家可以知道測量波的
地震儀距離震央有多遠。科學家對3
個距離進行**三角測量**，來找出震央。在
這張地圖上，以3個地震儀為中心畫出了
3個圓。每個圓的半徑即是該地震儀到震央
的距離。3個圓重疊相交的那一點即是震央。

電腦

你用過電腦、智慧型手機或平板電腦嗎？
你曾用電腦來做作業、玩遊戲或與朋友聊天嗎？
或許你的家人會上網購物或上課。
沒有數學，就不會有電腦，更不用說網路了！

電腦的歷史

首批的電腦科學家都是數學家。看看下面的電腦年表，就可以發現數學與電腦之間的關係。

1822年 英國數學家查爾斯·巴貝奇發明了蒸氣動力計算機，這是台可以計算數字表格的機器。

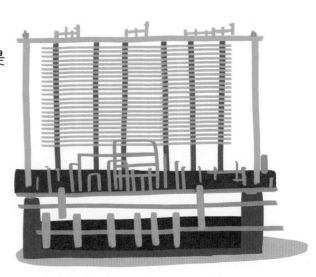

1936年 英國數學家艾倫·圖靈發明了「自動機」（後來被稱為圖靈機）。這台機器是現代電腦的前身。

1941年 美國物理學家約翰·文森·阿塔納索夫發明了一台可以同時解出29個方程式的電腦。這是第一台可以在主記憶體中儲存資料的電腦。

1943年 二次大戰期間，位在英國布萊切利公園裡的巨人電腦協助破解了敵方密碼。

1945年 美國物理學家莫齊利與美國電機工程師埃克特建造出電子數值積分計算機（ENIAC），這是數位電腦的「祖父」。不像今日的超薄筆記型電腦、個人電腦與智慧型手機，這台巨獸級的電腦佔滿了一整個房間！

1955年 美國電腦科學家葛麗絲·霍普協助開發早期的電腦「語言」——用來將人們寫入的指令轉換成電腦可以讀取的數字。

1958年 美國物理學家傑克．基爾比與羅伯特．諾伊斯發明了積體電路——**電腦晶片**。

1964年 美國發明家道格拉斯．恩格爾巴特建立了有滑鼠及易用選單（圖形使用介面）的現代電腦**雛型**。

1971年 IBM的工程師艾倫．舒加特發明了「磁碟片」，讓電腦之間可以共享數據。在這之前，數據是儲存在磁帶上，而更早之前，則是儲存在打洞卡上。

1975年 比爾．蓋茲與保羅．艾倫為電腦Altair 8800寫了**軟體**。這對朋友在這一年創立了他們的軟體公司「微軟」。

1976年 史蒂夫．賈伯斯與史蒂夫．沃茲尼亞克創立蘋果電腦，發明了蘋果1號，這是第一台使用單一**電路板**的電腦。

1981年 IBM進行Acorn計畫，發展出IBM PC（個人電腦）。

1990年 英國電腦科學家提姆．柏內茲－李建立了超文字標示語言（HTML），這是用來發展網際網路的網站語言。

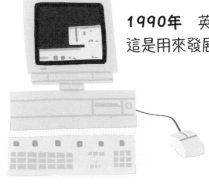

二進位制與編碼

二進位系統使用數字0與1。這是電腦所使用的系統，這兩個數字就像是一連串的開關。電腦中的數據是以二進位系統來儲存及傳送。

更多數學

幾乎所有的電腦程式，都是用加減乘除來建立程式中的**函數**。

建立軟體時會使用代數，而在做語音辨識、電腦模擬以及人工智慧時，則會用到統計。人工智慧這種**電腦程式**具有從過去結果中學習的能力，這讓它看起來像是會「思考」。

微積分（一種研究變化率的數學）可以用來製作圖表與視覺效果，也可以用來解決問題。

飛航與數學

航空工程指的是設計可以在空中飛行的機器，像是直升機、飛機及無人機。
航太工程指的則是在設計可以在太空飛行的機器，像是太空船及衛星。
這兩種工程都運用數學讓機器在空中飛行。

 ## 工程

工程師運用數學來計算如何建造出可以高速飛行且安全負載物品（包括乘客）的
飛行器。他們需要運用幾何學來製造出最符合空氣動力學（能夠輕鬆飛行）的飛
機零件形狀。他們也需要使用代數來解出可以確保飛機在強風吹襲下仍可安全飛
行的方程式。工程師運用電腦科學來協助設計與建造飛機，並進行測試及操控。

飛機駕駛

飛機駕駛會運用數學來規劃及依循路線。你搭飛機去度假時，位在飛機前側的機長就是運用幾何學在駕駛飛機的！機長會讀取指針並計算角度，以確保飛機保持在正確的航道上。

飛機駕駛讀取電腦上的資訊，以便能夠安全飛行。電腦運用數學來確保飛行的燃料充足。電腦還會計算飛機是否承載過重，以免無法安全飛行。這就是你去度假時，為什麼會有「行李限重」的原因，這麼做是為了確保飛機可以安全飛行並有足夠的燃料。

火箭科學

數學是太空飛行的關鍵。太空人經由運用數學的電腦來計算距離、速率與速度（某物在特定方向上可以移動得多快），以確保太空船可以安全地發射及飛行，之後也可以安全地返回地球的大氣層並著陸。

要將火箭送上太空，就必須精準計算出所需的燃料。有個火箭方程式可以告訴工程師如何計算火箭燃燒燃料時可以獲得的速度。要確認一趟飛行需要的燃料量，就必須運用數學進行精準計算。

數學新鮮事

研究太陽系星體如何運動的數學被稱為天體力學——這聽起來是不是很棒！

蟲洞與數學

蟲洞是一條可能可以穿越空間的通道，它創造了一條穿越時空的捷徑。它就像是一條隧道，兩端位在時空的不同點上。我們還不知道蟲洞是否真的存在，但科學家正在研究這個想法，看看是否可以證實它的存在。

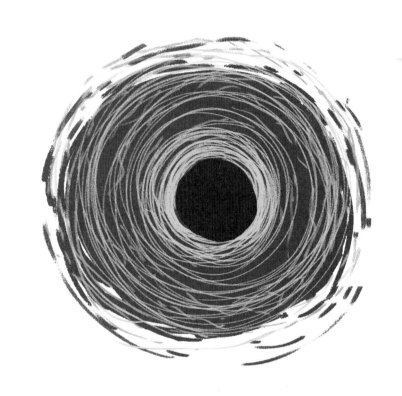

了解蟲洞

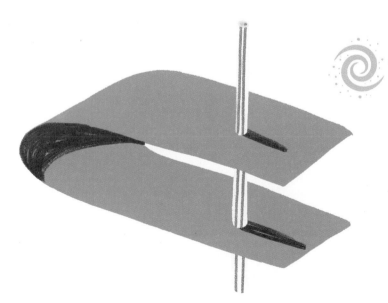

三維模型或許能幫助你了解蟲洞的概念。拿一張紙並彎折（不是對摺）紙的中間部分，讓兩端相碰。若在紙的兩端分別挖個小洞，並拿根吸管穿過這兩個小洞，就成了蟲洞的三維模型了。

一個想法的發展

1921年，德國數學家赫爾曼·外爾開始研究蟲洞這個概念。1935年，愛因斯坦與美籍猶太裔物理學家納森·羅森針對穿越時空的「橋」這個概念進行研究，這種橋會以捷徑連接不同的點。他們使用複雜的數學公式來建立他們的理論。他們所研究的橋就是所謂的愛因斯坦-羅森橋，也稱為蟲洞。

1980年代，美國理論物理學家基普·索恩開始進行蟲洞研究，索恩是加州理工學院的天體物體學家（太空科學家）。他在與友人卡爾·薩根（美國天文學家）交談後，開始研究蟲洞理論以及穿越蟲洞的可能性。薩根寫了一本名為《接觸未來》的科幻小說，他想知道自己所寫的那類太空旅行是否真的可行。

索恩與同事探討了經由蟲洞進行時光旅行的想法，並且研究將蟲洞的入口加快到光速的可能性。他們得出的結論是，如果這麼做真的可行（有很大的可能性），那麼蟲洞的高速入口歷經1年的時間，可能會是其他入口歷經100年的時間。這麼一來，時光旅行就可能成真！

科幻小說中的蟲洞

蟲洞經常出現在科幻小說中，因為這些虛構的「橋」可以讓人快速穿越宇宙。它們甚至會出現在時光旅行的故事中，裡頭的人物在某個時代進入蟲洞的一端，離開蟲洞時卻到了另一個完全不同的時代！這是個令人興奮的想法，但目前還只是幻想而已。

今日的蟲洞

到目前為止，還沒有發現蟲洞真實存在的證據。科學家仍在用數學探索是否能夠利用這些驚人捷徑穿越時空的可能！

Chapter 6

數學界
的
搖滾明星

若是沒有數學家發展及解釋數學，
我們會在哪裡呢？答案是我們會有大麻煩！幾個世紀以來，
偉大的思想家致力於研究我們今日使用的所有數學。
我們知道數學很重要，
但是哪些非凡的人士讓這一切成真？

古往今來，來自世界各地的許多人士形塑了數學。
很難定論是誰有了最重要的發現並提出最重要的定理。
本章中提到的人物都對我們今日所使用的數學有重大影響。

我們對其中一些人士的生平相當了解，
卻也對另一些人士的生平不太熟悉。
其中有些人士在數學上的發現讓世界產生改變，
也有些人士讓每個人都更容易接觸到數學。
這些人有個共同點：他們都有聰明的頭腦。

畢達哥拉斯
西元前570年至495年，希臘

畢達哥拉斯是希臘哲學家與數學家。他在西元前570年左右出生在希臘的薩摩斯島。他年輕時遊歷各地，可能是在埃及與巴比倫接受教育，後來才又回到希臘。

畢達哥拉斯相信數字是所有事物的基礎。他最著名的就是畢氏定理。這個定理就是當一個三角形內有一個直角時，最長邊的平方會等於另外兩邊的平方和。這個定理真的很神奇！

可以寫成：
$$a^2 + b^2 = c^2$$

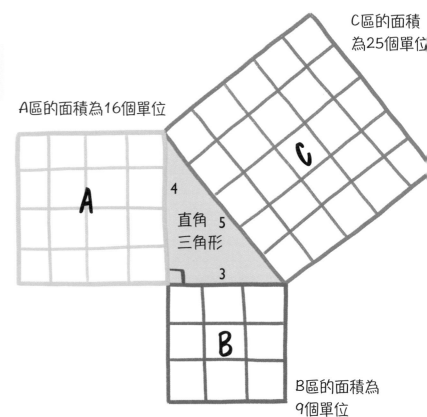

C區的面積為25個單位

A區的面積為16個單位

A

C

4

直角 5
三角形

3

B

B區的面積為
9個單位

有部分證據顯示，巴比倫人早在畢達哥拉斯之前就已經創造出這個定理，而畢達哥拉斯可能是在巴比倫受教育時學到這個定理的。

畢達哥拉斯在40歲左右時再次離開薩摩斯島，移居到義大利南部的克羅頓，那兒當時是希臘的殖民地。他在那裡創辦了學校，好分享自身的理念並教育他人。

希帕提亞
西元360年至415年，埃及

希帕提亞大約是在西元350年至370年之間，出生在埃及的亞歷山大。她是一位數學家，也是位天文學家。在希帕提亞的時代，亞歷山大是座充滿學者的城市。她的父親席恩是位數學家。亞歷山大是希帕提亞受教育的完美地點，她在那兒能與周遭的菁英人士學習。希帕提亞長大後，開始與父親一同進行研究，據說她父親的某些研究成果甚至是出自她之手。

希帕提亞在從事研究的巔峰時期，人們都說她是全世界的頂尖數學家。她還是一名自然學家（研究植物與動物的人）、物理學家（研究物質與能量的人）和女性主義者（支持女權的人）。她也是一名發明家與天文學家。此外，她也是一位厲害的運動員，擅長跑步及游泳。

希帕提亞會評論其他數學家的研究。這表示她會去討論他們的研究以及這些研究的意義，並加入更多的想法。這非常重要，因為讓更多研究數學的學生參與討論，就能更進一步傳播這些研究中的知識。

西元400年，希帕提亞成為亞歷山大一所學校的校長。她證明自己是一位偉大的老師與哲學家（討論想法的人）。然而，她的思想卻也將她逼上絕境。亞歷山大的治理者是基督徒，但希帕提亞不是。她的宗教觀點讓她成為箭靶。

西元415年，她遭到政治或宗教暴徒的攻擊。他們將她殺害，這個世界也因此失去一個傑出的心靈。

花拉子密
西元780年至850年，烏茲別克

穆罕默德・伊本・穆薩・花拉子密是波斯的一位數學家、天文學家與地理學家。他被稱為「代數之父」。他在西元780年左右出生在花剌子模（現在的烏茲別克）。

花拉子密曾在巴格達的智慧之家工作，那是專門翻譯書籍的頂尖學院及圖書館。西元820年左右，他受命成為天文學家以及學院圖書館的館長。

他的著作《恢復與平衡的科學》提供了解開複雜方程式的方法。阿拉伯文「al-jabr」的意思是「修復損壞的部分」。所以這個數學領域就被稱為algebra，也就是代數。這個字在15世紀納入英文之中，但指的是將骨折的地方接回！到了16世紀，英文中的algebra才首次用來描述數學。

花拉子密還研究三角學，這門學問就是在研究三角形的邊與角。他也研究太陽、月亮與已知行星的運行。

一般認為他到850年去世為止，都待在伊拉克。

花拉子密的書籍在中世紀歐洲被翻譯成拉丁文時，他的名字被譯成「Algorismus」。這就是英文「algorithm」（演算法）的起源，指的就是他在研究計算時所發展出的方法。

花拉子密使用印度－阿拉伯數字系統。這套系統在12世紀傳入歐洲，對歐洲數學造成了巨大的影響。

奧瑪・開儼
西元1048年至1131年，伊朗

奧瑪・開儼在西元1048年出生在呼羅珊的尼沙布爾市，也就是在現在的伊朗境內。

開儼大約在20歲時去了撒馬爾罕市，也就是現在位於中亞的烏茲別克，並在國王的國庫中工作。他寫了有關算術、代數與音樂的理論，還因為將代數應用到幾何學上而聞名。

開儼在撒馬爾罕市受到統治者的禮遇。他被任命負責管理伊朗的伊斯法罕天文台，並在那裡準確量測出一年的長度。據說他的伊朗曆要比當今世界上大多數地區使用的格列高里曆更加準確。伊朗直到20世紀都使用這個曆法。

開儼於1131年在家鄉尼沙布爾市過世，享年83歲。他的詩作在他過世後逐漸廣為人知。英國詩人愛德華・費茲傑羅於1859年翻譯了他的詩集，書名為《魯拜集》。

吉羅拉莫 · 卡爾達諾
西元1501年至1576年，義大利

吉羅拉莫 · 卡爾達諾於1501年出生在義大利北部的帕維亞。他在帕維亞大學研究醫學，後來因為義大利爆發四年戰爭，造成大學關閉，他就搬到帕多瓦了。他在那裡與許多人有爭執，也不太容易交到朋友。於是他又搬到薩科倫戈，並結了婚，之後又與家人一起搬到米蘭。

卡爾達諾在皮亞蒂基金會擔任數學講師，並加入外科學院。他從那時起就同時從事數學及醫學工作。卡爾達諾在數學上研究的是負數及機率。

他對機率的了解使得他非常擅長賭博，有時甚至還成了他生活的主要收入來源。他寫了一本《機率遊戲之書》，這是目前所知最早研究機率以及**微積分**這個重要數學方法的書籍。

令人遺憾的是，
卡爾達諾在1570年遭宗教裁判所逮捕，
因為只要有人被認為對天主教會有所懷疑，
就會遭到質疑或監禁。
卡爾達諾被釋放後便搬到羅馬，
並受雇於教皇格列高里十三世。

卡爾達諾就在羅馬以數學家及醫生的身分工作，
直到1576年去世。

艾薩克・牛頓
西元1642年至1727年，英國

牛頓出生在1642年的聖誕節。他去格蘭瑟姆的國王中學上學，不過他一開始並沒有很認真！他17歲時，成為寡婦的媽媽帶他離開學校回去管理她的農場伍爾索普莊園。

還好牛頓的舅舅威廉說服他母親，讓他回學校會比較好。所以牛頓非常努力，總算得以進入劍橋的三一學院繼續學業。西元1665年發生了大瘟疫，牛頓為了自身安全，再度回到家中。牛頓就是在這段休息時間，研究出關於重力的開創性理論。

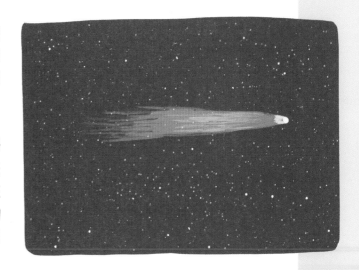

牛頓在瘟疫過後回到劍橋。那時他透過稜鏡觀察光線，發現了白光可以分散成彩虹般的七彩光影。這促成了牛頓的色彩理論。他在1668年建造了第一台反射望遠鏡，使用鏡子而不是透鏡來聚焦光線。

1678年，牛頓因為精神問題而隱居。1684年時，天文學家艾德蒙・哈雷（研究哈雷彗星並為彗星命名的人）前去拜訪牛頓。哈雷建議牛頓整理自己的筆記，而牛頓也在1687年出版了三卷書集，內容包括了運動定律（描述物體運動與施加在物體上的作用力之間的關係）以及萬有引力定律。

1689年，牛頓成為代表劍橋大學的國會議員。他在1696年搬至倫敦，後來更成為皇家鑄幣局局長，調查偽幣製造。

牛頓於1727年過世時，他的畢生研究已經為我們今日所使用的大部分科學奠定了基礎。

李昂哈德 · 尤拉
西元1707年至1783年,瑞士

李昂哈德 · 尤拉於1707年出生在瑞士的巴塞爾。他13歲就上大學了。

1727年,尤拉來到俄國聖彼得堡的科學院教醫學。他也在俄國海軍擔任軍醫,但他很快就轉到數學系任教。

尤拉在1741年搬到柏林,在柏林學院任教。他在這裡的接下來25年間,都持續研究他的數學。他還出版了有關函數及微積分(計算變化率)的書籍。

1766年,尤拉回到俄國。他開始跟兒子一起進行研究,這可能是因為他視力不佳的緣故。他在1738年生了一場病後,視力就開始惡化。大約在1771年左右,他的眼睛就完全看不見了。

尤拉在1783年過世。他研究許多數學領域,包括幾何、代數、**數論**,以及三角學。微積分中有個數字甚至被命名為尤拉數,這個數值大約等於2.71828。

卡爾・高斯
西元1777年至1855年，德國

約翰・卡爾・弗里德里希・高斯出生於1777年4月，他具有辨別數字模式的非凡能力。據說，他在3歲時就找出他父親運算中的錯誤。還有據說，他在學校因為頑皮受到處罰，所以被要求完成一頁的運算，結果他在幾秒之內就給出了答案！

1788年，布倫瑞克公爵聽聞11歲的高斯天資聰明，於是資助他去學院念書，後來也資助他就讀哥廷根大學。

高斯在哥廷根求學期間，有了第一個重大發現。他證明了用尺及圓規就可以畫出正十七邊形。這是一個重要發現，因為它有助於證明代數與幾何之間的深層關聯。高斯寫了關於數論的文章，並匯集其他理論，填補了原先銜接不上的地方。

義大利天文學家朱塞佩・皮齊亞在1801年發現了穀神星這顆矮行星，這是項驚人的發現。但皮齊亞還來不及預測穀神星的運行模式，它就消失在太陽後了。於是高斯想出了一個方法來測預穀神星何時會再出現。

1807年，高斯成為哥廷根天文台主任。1818年他發明了反光鏡：一種使用鏡子反射遠距太陽光來測量位置的儀器。

高斯在1855年過世，享年78歲。他在代數、數論、幾何、天文學、**力學**等等的許多領域上都有貢獻。

格奧爾格・康托爾

西元1845年至1918年，俄國

格奧爾格・康托爾在俄國出生，11歲時搬到德國。他在數學上的表現非常優異，並在34歲時成為哈雷大學教授。

康托爾寫了有關數論與微積分的論文。不過他最重要的研究可能是無限。他可以說是第一個真的了解無限在數學中代表什麼意義的數學家。直到19世紀末為止，無限都只是一個概念，它是個永遠得不出確切數字的值。康托爾接受了這個抽象概念，並讓它更為具體化。他建立了集合論，也就是針對物件群體（無論是真實的或是純數學的）的研究，這是建立現代數學的基石之一。

康托爾因罹患精神疾病而長期住院療養。他晚年時不再研究數學。相反地，他執著地認為莎士比亞的戲劇是由弗朗西斯・培根爵士所創作，並且詳細寫下他的論點。可惜的是，他於1918年在哈雷療養院過世。他的數學傳奇將會與世長存。

阿爾伯特·愛因斯坦

西元1879年至1955年，德國

阿爾伯特·愛因斯坦直到4歲才會講話，他的祖母因此認為他不太聰明。愛因斯坦對上學沒興趣。他記得後來有個老師對他說，他永遠不會有成就。不過他很快就展現出數學及科學的天賦，還有他那極富創意的思考力！

愛因斯坦5歲時，他的父親送給他一個指南針。他對能讓指針移動的無形力量感到著迷。

愛因斯坦15歲時，他的家人搬到了義大利米蘭。他則被留在慕尼黑求學，但他很快就前去跟家人團聚。他16歲時申請了蘇黎世理工學院，但被告知他得念完中學才能去上大學，而他也做到了。他的數學成績非常出色，但他也是出了名的沒有條理，且經常會忘記約會。

1900年，愛因斯坦拿到數學與物理學位。起先他找不到教書的工作，所以開始從事兒童家教。1903年，他得到伯恩**專利**局的工作。他利用下班時間，建立了關於物質、重力、空間、時間與光的理論。

愛因斯坦發現了研究**分子**大小與粒子運動的新方法。1905年，他發表了4篇改變現代物理學發展的論文，其中最重要的可能是他的相對論。相對論解釋了重力如何扭曲空間。他也建立了著名的方程式 $e = mc^2$。這表示能量（e）等於質量（m）乘以光速的平方（c^2）。這個方程式顯示了質量可以轉變成能量，反之亦然。這個理論後來有助於解釋太陽與其他恆星的能量來源。

愛因斯坦的研究工作因第一次世界大戰（1914年至1918年）而中斷。他是個和平主義者，所以他反對戰爭。1921年，他榮獲諾貝爾物理學獎，並周遊世界進行演講。納粹在德國崛起時，愛因斯坦因為身為猶太人而受到抨擊。猶太人在德國面臨的風險越來越大，所以愛因斯坦在1933年移民到美國。愛因斯坦在普林斯頓大學任教。在1930年代末期，科學家開始研究 $e = mc^2$ 是否能讓**核彈**成真。二次大戰結束時日本被投下了核彈，之後愛因斯坦就成立了原子能科學家緊急委員會，致力於控制核子技術的散播。

愛因斯坦於1955年過世，享年76歲，那年他仍致力於熱、重力與相對論的研究。他的研究永久改變了物理學與數學的發展。

瑪麗・卡特賴特

1900年至1998年，英國

瑪麗・露西・卡特賴特女士是位注定要做大事的英國數學家！卡特賴特於1919年就讀大學時，牛津大學數學系的女學生僅有5名，她就是其中之一。感謝老天，目前時代已經改變。

卡特賴特在1923年以一級榮譽學位畢業。她曾擔任教師，後來又回到牛津攻讀更高學歷的博士。

卡特賴特是第一位入選英國國家科學院皇家學會的女性數學家。她也成為劍橋格頓學院的女校長。

她是渾沌理論的先驅。這是一個數學理論，說明一個過程初始的微小差異，隨著時間過去會產生巨大變化。這就是為什麼即使用上超級電腦，也難以預測幾天後的天氣。情況稍有變化，預測天氣的模型就會產生巨大變化。

二次大戰期間，卡特賴特在英國科學與工業研究部工作，她運用她的數學理論協助雷達科學家解決問題。雷達會從物體上反射的無線雷波能量，來顯示出物體的位置。

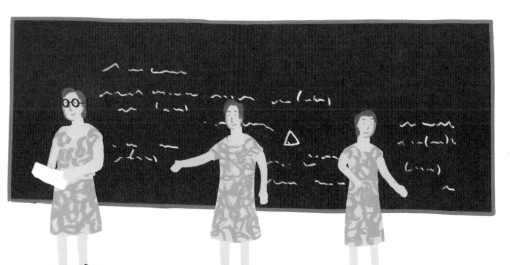

卡特賴特享年97歲，身後留下了《數學思維》等書籍。她還為女性留下重要的資產——讓她們知道女性也能成為傑出的數學家。

艾倫·圖靈
1912年至1954年，英國

艾倫·圖靈是一位傑出的數學家。他破解密碼的技能，縮短了二次大戰的時間。他還設計出首批儲存程式的電腦之一，也就是自動計算機。

二次大戰期間，圖靈在英國的布萊切利公園為政府密碼學校工作。他破解了以恩尼格瑪密碼機加密的德國密碼。這台機器以密碼來發送訊息，這樣就可以保密，讓敵人不容易讀取。據估計，圖靈的成果讓戰爭縮短2年，挽救了1,400萬人的性命。

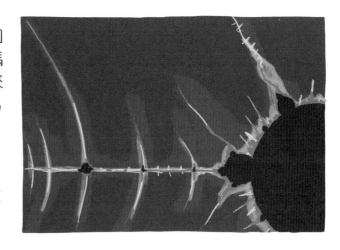

戰後，圖靈持續工作。他在國家物理實驗室中工作，並設計出自動計算機。1948年，他加入曼徹斯特大學的電腦實驗室。圖靈的成果讓他成為發展人工智慧的創始人之一。他建立了圖靈測試，一種確認電腦程式是否能像人類那樣思考的方法。

這位天才在1952年因為被指控與另一位男性發生關係而毀了一生，這種情況在1967年之前的英國都是違法的。令人遺憾地，1954年圖靈在自己42歲生日前4天結束了自己的生命。2009年，英國首相戈登·布朗為圖靈的遭遇正式道歉。2013年，英國女王伊麗莎白二世發布了赦免令。

今日，為了表彰圖靈在數學與電腦上的貢獻成立了圖靈基金會。這個基金會致力於將電腦帶到沒有電腦的社群之中，讓圖靈留下的資產永垂不朽。

人們在圖靈過世多年後仍然記得他。英國演員班奈狄克·康柏拜區在2014年的電影《模仿遊戲》中飾演圖靈。今日，曼徹斯特大學數學系裡的一棟建築，就是以圖靈的名字來命名。在曼徹斯特的薩克維爾花園裡有一座圖靈銅像。另外還一座以50萬塊板岩做成的圖靈雕像矗立在布萊切利公園。那是英國雕刻家史帝芬·凱特爾的創作。2021年，英國銀行發行了印有圖靈肖像的50英磅鈔票。

瑪喬麗・李・布朗

1914年至1979年，美國

瑪喬麗・李・布朗於1914年出生在美國田納西州。當時美國的學校施行種族隔離政策，所以她去上一所名為勒莫恩高中的黑人學校。她後來就讀華盛頓特區的霍華德大學，並於1935年畢業。

布朗接著搬到紐奧良當老師。一年之後，她因為不滿足於現況，又搬到安娜堡就讀密西根大學。她在1939年取得碩士學位，並於1949年取得博士學位。她是第三位獲得博士學位的非裔美國女性。

布朗在取得博士學位同一年到北卡羅萊納大學任教，並在那裡待了30年。在最初的25年裡，她是這間大學數學系唯一擁有數學博士學位的人。

1960年，布朗獲得了IBM公司的60,000美元贊助，成立了電腦中心。這是非常了不起的成就，因為這是首批進入學術環境中的電腦之一，也是歷史悠久的非裔美國人學校中的第一台電腦。

布朗在一生當中榮獲許多獎項。她是婦女研究協會與美國數學協會成員，也是美國國家科學基金會顧問委員會首批非裔美籍女性成員之一。她在整個職業生涯中都致力於支持與協助具有天分的數學系學生，甚至提供他們經濟上的協助。

凱薩琳・強森

1918年至2020年，美國

凱薩琳・強森（原名凱薩琳・科爾曼）於1918年出生在美國維吉尼亞州，她後來被送去跟哥哥姊姊一起上學，因為他們居住的地方，當時沒有給6年級以上的非裔美籍學生就讀的學校。當時的學校執行種族隔離政策，也就是白人孩子去上一所學校，黑人孩子則去上另一所學校。

她非常聰明，年僅14歲時就去到西維吉尼亞州立學院學習數學。她在1937年畢業，然後教書2年。她在1939年獲選進入西維吉尼亞大學，成為首批入學的非裔美籍學生之一。然而她後來因為結婚而離校，並在接下來的13年間為家庭付出。在1940年代，大眾普遍認為女性要待在家裡照顧小孩，而不是外出工作。她在孩子大一點之後，就回到學校教書。

1952年，強森開始在蘭利航空實驗室工作，她在一個全是非裔美籍女性的計算部門工作。她參與了水星計畫，那是美國第一個載人的太空飛行計畫。1969年，她的運算結果讓阿波羅11號任務得以成功，那是讓人類首次登陸月球的計畫。

數學新鮮事

被翻拍成電影的著作《關鍵少數》，讓凱薩琳・強森全球聞名。她是一名在數學與太空研究上有開創性成果的非裔美籍女性。當她被問到這類關於自我成就的問題時，她的回答是：「我只是做好自己份內的工作而已。」

約翰・荷頓・康威

1937年至2020年，英國

約翰・康威在11歲時就知道自己想成為一名數學家。他是個害羞的青少年，但在去劍橋念數學時有試著讓自己變得外向一些。他成了一名狂熱的遊戲玩家。他最終以「全球最有魅力的數學家」而知名，所以他的努力沒有白費！

英國皇家學會前會長邁克爾・阿蒂斯稱康威是「全世界最神奇的數學家」。

康威在1959年畢業後開始研究數論。1964年他獲得博士學位，並在劍橋大學任教。他對數學與密碼的領域有許多貢獻。他的第一個實驗是用紙筆完成，但現在有數以百計的電腦程式使用他建立的系統。

1981年，康威成為英國皇家學會院士，以便「增進（大眾的）自然知識」。1986年，康威搬到美國，在普林斯頓大學任教。他慷慨地將自己許多暑假時間花在教導數學夏令營中的兒童與青少年。

康威發明了許多非凡的演算法，例如要讀完一疊雙面列印的文章，要怎麼讀最好。他喜歡教書，也喜歡隨身攜帶各式各樣的物品，像是一副紙牌、骰子、繩索，甚至是彈簧玩具，好幫助他以有趣的方式解說想法。

令人遺憾的是，他於2020年4月死於新冠肺炎併發症。

費恩・伊維特・亨特

1948年迄今，美國

費恩・亨特是位美國數學家，她在應用數學上的研究讓她有了名氣。應用數學就是將數學應用在生物、醫學與商業等等的不同領域上。她還從事生物數學研究，觀察細菌這類微生物的模式。

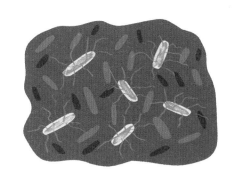

亨特於1948年出生在紐約。她是個聰明的孩子，在9歲那年的聖誕節拿到了一個化學實驗組的禮物。這激發了她對科學的興趣，因此她的老師鼓勵她往這方面更進一步發展。她後來進入布林莫爾學院就讀，並在1969年畢業。她接續在紐約大學科朗數學研究所取得數學碩士及博士學位。

亨特在猶他大學任教，接著轉往華盛頓特區的霍華德大學，同時持續進行她的研究。亨特在退休前，一直在學院及大學裡授課，鼓勵學生成為數學家。她以身為非裔美籍女性數學家的經驗來鼓舞他人。

2019年，亨特成為美國數學學會院士。2020年，她又成為女性數學學會院士。今日，她是美國國家標準暨技術研究院的研究數學家。

瑪麗安・米爾札哈尼

1977年至2017年，伊朗

伊朗數學家瑪麗安・米爾札哈尼是複雜幾何學專家。她會用放在地板上的巨大畫布來勾勒出自己的想法。她專精的數學領域因為極為複雜，所以常被稱為「科幻數學」。她解決了那些被認為是無法解決的難題，也改寫了球體、甜甜圈狀及三維形狀這些方面的數學知識。

米爾札哈尼在青少年時期就贏得1994年及1995年的國際高中生數學奧林匹克競賽。她進入德黑蘭的謝里夫理工大學就讀，並於1999年取得數學學士學位。接下來她搬到美國，在哈佛大學攻讀博士。2004年至2008年，她在普林斯頓授課，並於2008年成為史丹佛大學教授。她在職業生涯中贏得了許多殊榮。2005年，她被《大眾科學》雜誌評選為十大傑出人士，是全球頂尖的年輕人才之一。

2014年，米爾札哈尼成為第一位贏得數學最高榮譽費爾茲獎的女性。遺憾的是，這位讓人驚奇的聰明女性在2017年因為乳癌過世，得年40歲。國際科學理事會宣布將米爾札哈尼的生日5月12日定為國際婦女數學日。在2020年的國際婦女與女孩STEM日那天，米爾札哈尼獲選為影響世界發展的七大女性科學家。

陶哲軒
1975年迄今，澳洲

陶哲軒是位神童。他8歲接受大學入學測驗SAT時，在滿分800分的數學項目中拿下高分760分。9歲時，他開始在弗林德斯大學學習數學。12歲時，他拿下了1988年的國際數學奧林匹亞競賽金牌。

16歲時，他從弗林德斯大學畢業，取得了科學方面的學士學位。17歲時，他取得碩士學位。1992年，他榮獲富布賴特獎學金，開始在美國普林斯頓大學展開研究工作。大約21歲時，他拿到了博士學位。1996年，他開始在加州大學授課。他在24歲時就成為正教授，是有史以來最年輕就取得該資格的人士。2006年，他因為在數學上的卓越表現而榮獲費爾茲獎，並於2014年獲得數學突破獎。

陶哲軒在應用數學方面的研究，讓用於拯救生命的核磁共振影像儀，能以更快的速度掃描。他的計算也被用來尋找其他的星系。他是世界上最受尊敬的數學家之一。

詞彙表

2畫

人工智慧：可以思考及學習的電腦程式。

力：可以讓物體移動、改變方向及速度或改變形狀的推力與拉力。

3畫

三角測量（地震相關用語）：科學家在地震波到達3個定點時，將點與點連線畫出三角形，再在三角形中畫圓找出圓心，此點就是震央。

三角學：研究三角形角與邊之間的關係。

4畫

分子：物質最小單位，且具有該物質所有特性。

化石燃料：像石油、煤炭及天然氣等燃料，它們是史前植物及動物的遺骸受到壓縮所自然形成。

反射對稱：若是一個形狀或物體可以用一條線分成完全疊合的兩半，這個形狀或物體就具有反射（鏡像）對稱。

天文台：研究地球與太空中之自然物體與事件的地方。太空天文台只觀察太空中的東西。

方程式：裡頭有「等號」的數學陳述。等號顯示兩邊的數值相等。

比例：兩個同類數值的比較。

比例尺（地圖用語）：地圖的比例尺讓我們知道地圖上的距離與地表實際距離的比例。

5畫

代數：運用未知數（常用英文字母代表）來建立方程式。

加密：若是有東西被加密，就是指讓這個東西變得難以讀取及破譯。

半徑：圓的半徑就是圓心到到圓周的距離。

四邊形：有四條邊及四個角的多角形。

平行：若兩條線是平行的，它們會保持相同距離，不會交會。

6畫

再生能源：這是種無窮無盡的能源，可以從風力與水力這類無限資源中產生。

因數：一個可以讓某個數字整除的整數。

地表水（天氣預報用語）：像海洋及湖泊這類地區所聚集的水。

地域：像山這類的地形。

地震波：地震發生時在地面傳播的衝擊波。

多角形：以直線、角及點所構成的平面形狀。

多面體：以平面及直邊構成的立體形狀。

有限：代表可以計算，有盡頭。

7畫

伺服器：可以提供數據及程式給其他電腦的電腦或系統。

8畫

函數：函數有一個輸入值、一個規則及一個輸出值。輸出值一定與輸入值有關。像「乘以3」這樣簡單的函數，若是輸入值為2，輸出值就會是6。

弦：一條連接圓周上兩點的直線。

直徑：圓的直徑是指從圓周的一邊穿過圓心到圓周另一邊的距離。

長方體：是一種立體形狀。大多數的盒子都是長方體。長方體由6個長方形組成，所有的角都是直角。

長度：一個東西有多長，或是從某物的一個端點到另一個端點的距離。

9畫

軌道：一個物體繞著行星、恆星或衛星轉的路徑。

重力：物體彼此之間互相的拉力。

重量：一個東西有多重。

降水：以雨、雪、雨夾雪及冰雹等形態落下的水。

面積：一個平面的大小，可用平方公分等為單位。

11畫

專利：賦予發明者權利去阻止其他人做相同發明的法律文件。

旋轉對稱：當一個形狀以中心點轉動時，它與原先的輪廓會有一次或多次的完全疊合，那這個形狀就具有旋轉對稱。

軟體（電腦用語）：電腦所使用的運作系統及程式。

頂點：一個形狀的邊所交會的點。

12畫

幾何：形狀及其特性（例如面、頂點及邊）的研究。

程式（電腦用語）：一組能讓電腦執行單一任務或多個任務的指令。

費波那契數列：一個數字序列。數列中的下一個數字是前兩個數字的和。

超級電腦：具有巨大記憶體，能以高速執行的電腦。

軸：真實或假想的參考線。圖會有水平軸及垂直軸。反射對稱軸則會將物體分為兩半。

黃金比例：大約等同於1.618的一個特別數值。據說1.618：1的比例可以創造出美麗的形狀。

13畫

圓周：測量圓邊長所得到的總長度。

圓周率：一個圓的周長除以其直徑所得到的值。

圓弧：圓周中的一段。

微晶片：用於固定電子零件的矽晶片。使用在電腦及其他電子設備中。

碎形：以不同比例大小重複的圖案模式。它們不是隨機的，而是在不同放大倍數下重複的單一幾何模式。

運算：解決問題的數學程序。

雷射：一種可以產生強大集中光束的儀器。雷射有時可以用來測量、切割材料或是進行醫療手術。

電腦晶片：用於固定電子零件的矽晶片。電腦晶片讓電腦可以運作，並且解讀及執行指令。

電路板：將電子零件連接在一起的東西。

14畫

圖表：以視覺形式展現資訊的圖。

對稱：物體或形狀的對稱是指，其對稱軸的兩邊是另一半的鏡像。對稱軸可能只有一條，也可能會有很多條（請參考旋轉對稱及反射對稱）。

演算法：用建立數學程序來找出解答的方法。

算術：協助我們進行加減乘除的計算。

15畫

數論：解釋某些類型的數字是什麼，以及它們具有何種特性。

模擬（電腦用語）：在事情沒有真正發生的情況下，觀察事情發生的方法。可以用來預測事情可能的發生模式。

閏年：閏年每四年一次，那一年會有366天。地球繞太陽公轉一圈要365.256天。所以我們藉由每四年加一天（2月29日）的方式，將每年（一般是說一年365天）少算的時間加回去。

質量：物體中物質的數量。

16畫

橢圓：看起來像壓扁的圓的平面形狀。

機率：某件事會發生的機會。

積：兩個數相乘所得的結果。

頻率：電磁波（如無線電波）是依據頻率來分類。

18畫

雛型：幫助發明者測試想法的簡單模型。

23畫

體積：一個物體所佔據的空間。

25畫

鑲嵌：可以無縫貼合的平面形狀圖樣。

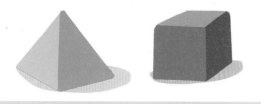

索引